极化雷达干涉数据处理和林分高度估算方法研究

曹先革　著

哈爾濱工程大學出版社
Harbin Engineering University Press

内容简介

本书对极化雷达、干涉测量原理做了较为深入的介绍，对基于机载SAR数据发展起来的技术在星载SAR数据方面的适用性进行了探讨，对基于星载SAR数据进行了多种方法的极化雷达图像分解比较，并在此基础上进行了分类和高度反演的应用。

本书内容新颖、系统性强、实用性好，可供微波、遥感和空间技术的科技人员使用，亦可供高等院校相关专业的高年级学生、研究生和教师教学时参考使用。

图书在版编目(CIP)数据

极化雷达干涉数据处理和林分高度估算方法研究/曹先革著. —哈尔滨:哈尔滨工程大学出版社,2020.5
ISBN 978-7-5661-2549-1

Ⅰ.①极… Ⅱ.①曹… Ⅲ.①雷达测距-干涉测量法-应用-林分测定-研究 Ⅳ.①S758.5②P225.1

中国版本图书馆CIP数据核字(2020)第075028号

极化雷达干涉数据处理和林分高度估算方法研究
JIHUA LEIDA GANSHE SHUJU CHULI HE LINFEN GAODU GUSUAN FANGFA YANJIU

选题策划 刘凯元
责任编辑 张 彦 张如意
封面设计 李海波

出版发行 哈尔滨工程大学出版社
社　　址 哈尔滨市南岗区南通大街145号
邮政编码 150001
发行电话 0451-82519328
传　　真 0451-82519699
经　　销 新华书店
印　　刷 北京中石油彩色印刷有限责任公司
开　　本 787 mm×960 mm 1/16
印　　张 7.75
字　　数 161千字
版　　次 2020年5月第1版
印　　次 2020年5月第1次印刷
定　　价 45.00元
http://www.hrbeupress.com
E-mail:heupress@hrbeu.edu.cn

前　言

极化雷达干涉测量作为极化和干涉相结合的产物，能够同时获取地物的极化散射特性与干涉信息，因此其不但能够完成极化雷达和雷达干涉的各种应用，而且还能够提高极化雷达和雷达干涉应用的性能，通过借助干涉相位和相干值的信息可以提高地物分类、目标识别与检测的性能。基于极化雷达干涉测量可以分析植被层的垂直散射结构，通过建立模型可以反演树高等其他植被参数，这对于估算大面积的森林生物量、森林蓄积量、种群数量及疏密程度等具有重要意义。极化雷达干涉测量不仅能够提高干涉测量的精度，而且能够更好地解释目标的极化散射机理，解决常规雷达干涉中无法解决的一些问题。

本书充分利用 PALSAR 数据的全极化信息，对其在极化分解、极化分类、极化干涉分类，以及林分高度估算方面的应用进行了系统性的研究。本书共分 5 章，第 1 章为绪论，第 2 章为研究区概况及数据分析，第 3 章为极化雷达图像分解，第 4 章为极化雷达图像分类，第 5 章为基于极化雷达干涉测量的植被特性分析及林分高度估算。

本书在撰写过程中参阅了大量文献，引用了同类书刊中的一些资料。在此，谨向有关作者表示衷心的感谢！

作者水平有限，书中不当之处在所难免，敬请广大读者批评指正。

著　者

2020 年 4 月

目　　录

第1章　绪　　论

1.1　引　　言

合成孔径雷达(synthetic aperture radar,SAR)通过合成孔径的原理获取方位向和距离向的地面二维高分辨率图像,是一种空对地的成像雷达。SAR通过发射和接收特定的电磁波来获取地表的散射特性,是一种主动式传感器,这也是它和普通光学遥感的主要区别。SAR能够不受光照和天气条件的影响实现全天时、全天候对地观测,由于具有较强的穿透能力,SAR可以透过地表和植被冠层获取地表以下和冠层以下的信息。在全球大气污染日益严重、环境日益恶化的今天,利用SAR进行对地观测的重要性日益突出。

SAR的这些特点使得它在灾害分析与监测、农作物分类估产、林业资源调查与生物量估计、水文和地质测绘等方面的应用具有其他遥感方式无法比拟的优势。SAR在普通光学传感器探测较为困难的地区具有非常重要的意义,如对多云雨热带雨林地区的探测。近年来,SAR的各种技术都得到迅速发展,还发展出许多新兴技术,如多波段、多极化、高分辨率、干涉测量和极化干涉测量等。其中干涉测量使雷达具备了对地形地物第三维信息 - 高度的获取能力;多极化雷达在理论上逐渐趋于成熟,在实际的系统研制上已经取得了重大进展。极化雷达干涉测量(POLInSAR)将干涉测量与极化雷达相结合,已成为现代雷达发展的重要方向之一。作为极化雷达干涉测量工作方式的两个方面,干涉雷达利用电磁波的干涉特性来获取地表的高程或运动信息,因此在干涉雷达模式下可以有效弥补传统雷达在等距离目标不可区分的信息,干涉雷达测量使雷达对地观测的图像扩展到了三维。另外,干涉雷达数据处理后获得的干涉相干值不仅能反映干涉相位的噪声强弱,还具有一定的区分不同地物的能力。因此,利用干涉雷达不仅可以测量地面微小的位移,还可以对局部区域或全球的地形进行测绘。而极化雷达则通过收、发不同极化方式的电磁波来探测地面目标的散射机制。因为地面目标对各种极化方式的电磁波具有各不相同的散射机制,所以极化雷达获取的散射矩阵能够全面地获取地面目标在观测方向上的散射特性。极化散射矩阵具有丰富的信息,通过该矩阵,人们可以深入分析目标的一系列物理特性,如粗糙度、方向、介电常数、形状等。同时,基于该极化散射矩阵还可以提取对目标具有一定区分度的散射成分与参数,为大面积的地物分类、感兴趣的目标检测与识别等应用提供了有效信息。

极化雷达干涉测量作为极化和干涉相结合的产物，它不仅能够完成极化雷达和雷达干涉的各种应用，而且还能够提高极化雷达和雷达干涉应用的性能。例如，借助干涉相位和相干值的信息可以提高地物分类、目标识别与检测的性能；在植被覆盖地区，干涉雷达由于电磁波穿透性而无法区分垂直方向上的不同高度，只能获取地面与植被顶面之间的平均高度，而极化雷达干涉测量可以分析植被层的垂直散射结构，通过建立模型可以反演树高等植被参数，这对估算大面积的森林生物量、森林蓄积量、种群数量及疏密程度等都具有重要意义。

中国现代化森林资源管理需要植被结构的遥感探测。同时，中国森林资源动态变化的监测也要求使用发展经济、省时、省力、覆盖范围大、精度高、速度快的监测方法，因为这对提高森林资源的管理水平，更好地发挥森林资源的经济、生态和社会功能起着重要作用。如今，森林状况的监测内容也从植被类型、地类型、森林类型等定性指标转到能够反映森林健康、森林生态功能、森林质量的定量参数上来。适于探测植被结构参数的极化雷达干涉技术已成为在林业资源调查中具有广阔应用前景的重要遥感手段之一。

虽然近几年中国在合成孔径雷达技术上的研究已经取得很大进展，但与发达国家相比，仍然具有很大的差距。极化雷达干涉测量在极化分解、极化分类、植被参数反演、极化数据的滤波降噪与地形高程等方面仍存在许多关键问题有待进一步研究。因此，研究极化雷达干涉应用中的关键技术问题意义深远，并具有十分重要的理论价值和广阔的应用前景。

2006 年 1 月，日本先进对地观测卫星 ALOS 发射成功。ALOS 卫星能够获取全球范围内高分辨率的陆地观测数据，可以为以下领域提供相应服务：测绘、区域环境观测、灾害监测、资源调查等。ALOS 卫星是世界上第一颗搭载全极化 SAR 的卫星，其相控阵型 L 波段合成孔径雷达（PALSAR）数据将应用于全球森林生物量的定量估测和热带森林的监测，为全球碳循环研究提供数据支持。通过重复轨道观测，使 PALSAR 在全球范围内获取 L 波段全极化干涉测量数据成为可能，这对主要依靠机载 SAR 系统发展起来的基于 L 波段 POLInSAR 数据的森林平均树高和生物量估测技术的发展有很大的促进作用，对全球碳循环和气候变暖的研究具有重要意义。ALOS 卫星载有全色遥感立体测绘仪（PRISM）、可见光与近红外辐射计 -2（AVNIR -2）和 PALSAR 三个传感器。其中，PALSAR 传感器的工作模式主要分为以下三种：①高分辨率模式。该模式是一种普通观测模式，可获得 40 ~ 70 km 的幅宽，可获得水平极化（HH）、垂直极化（VV）、水平垂直交叉极化（HH + HV）或 VV + VH 模式的极化数据；PALSAR 的信号模糊度较高，有助于改进沿海地区的数据质量。②扫描合成孔径雷达观测模式。该模式是一种很有用的模式，有 HH 或 VV 两种极化方式，可以获取 250 ~ 350 km 幅宽（取决于扫描次数）的合成孔径雷达图像，对监测海冰范围和雨林十分有用。③极化模式:该模式属于试验模式。能够获取L波段的全极化数据(HH、HV、VH、VV),主要用于区域性详细观测和重复通过干涉测量。

综上,积极开展有关ALOS PALSAR数据的相关研究具有深远的科学意义和广阔的应用价值,对及时深入跟踪国际先进技术具有积极意义。本书主要针对PALSAR全极化数据的极化分解、极化分类、极化干涉和林分高度估算等方面进行系统研究。

1.2 极化雷达研究概述

1.2.1 极化成像系统概述

SAR于20世纪50年代研制成功,是微波遥感设备中发展最迅速和最有成效的传感器之一。1951年6月,Carl Wlley等在一篇报告中第一次提出了SAR的概念,首次提出了多普勒波束锐化的思想。1953年,机载SAR系统研制成功。1957年,第一幅全聚焦SAR图像由美国密歇根大学与空军共同获得,表明SAR技术初步达到了实用水平。20世纪70年代以后各种天基/星载合成孔径雷达不断被研制出来。1972年,Apollo宇宙飞船在外层空间对合成孔径雷达的首次使用标志着天基SAR从此拉开了序幕。1978年,Seasat-A卫星成功发射后SAR真正走向了实用阶段。过去,对SAR的研究无论是从理论构思到实验室样机,还是从机载测量模式到星载测量模式,都获得了相当迅速的发展,各方面的理论与技术也不断发展与完善。1985年,世界上第一部机载极化雷达成像系统PolSAR-NASAJPL/CV-990在美国喷气推进实验室研制成功,标志着极化合成孔径雷达(PolSAR)研究新纪元的开始。此后,极化雷达成像及其应用研究进入了一个快速发展的阶段,与PolSAR有关的各项研究成为国际雷达系统与技术发展的前沿课题,PolSAR迅速成为SAR发展的主要方向之一。在各国高度重视下,一系列机载SAR不断研制成功。从单极化到多极化,从多极化到全极化,机载SAR功能越来越完善,逐步实现了对目标的精细刻画。目前,多数机载SAR系统已具备全极化(HH、HV、VH、VV)测量能力。

以下是国外比较具有代表性的一些机载PolSAR系统:

(1)工作在Ka波段的美国林肯实验室的机载毫米波(35 GHz)PolSAR系统;

(2)工作在L、C和X波段的美国国家航空航天局(NASA)的JPL/CV-990多波段PolSAR;

(3)工作在C波段的荷兰空间计划局(NIVR)的PHARUS机载PolSAR雷达;

(4)工作在L、C和X波段的美国海军航空武器发展中心和密歇根大学联合开发的PolSAR雷达成像系统；

(5)俄罗斯的多频多极化机载VEGA-M多波段PolSAR雷达；

(6)工作在X波段的德国应用科学研究会/无线电和数学研究会(FGAN/FFM)的AER PolSAR雷达；

(7)工作在L、C、X、Ku和W波段的法国国家航空航天研究院(ONERA)的REMSES多波段PolSAR雷达。

星载PolSAR具有全天候、全天时、快速大面积成像的探测能力,能进行干涉测量,具备以多频全极化信息为基础的目标识别潜力。星载SAR由于全极化信息的开发和利用,其成像质量、高程测量、空间分辨及动目标检测等性能均有了质的提高;基于星载PolSAR数据的干涉测高等技术已获得成功应用。星载PolSAR已经成功实现商业化运作,提供的数据和服务已在科研、军事等领域得到广泛应用,其发展前景一片光明。美国、欧洲航天局(ESA)、俄罗斯、日本、中国等国家和地区已经发射或即将发射星载SAR,目前星载SAR系统几乎都具备全极化(HH、HV、VH、VV)测量能力。

以下是国外比较有代表性的一些星载PolSAR系统:

(1)美国、德国、意大利联合研制开发的SIR-C/X-SAR系统,工作在L、C和X波段;

(2)RadarSat-2系统,由加拿大研制,工作在C波段;

(3)环境卫星(ENVISAT)上搭载的ASAR系统,由欧洲空间局研制,工作在C波段;

(4)Sentinel-1,由欧洲委员会(EC)和欧洲航天局针对哥白尼计划(GMES)研制的Sentinel系列卫星之一,工作在C波段;

(5)PALSAR系统,由日本研制,工作在L波段;

(6)TerraSAR-X系统,由德国研制,工作在X和L波段;

(7)Cosmo-skymed系统,由意大利研制,工作在X波段;

(8)Cosmo-skymed Second Generation系统,由意大利研制,工作在X波段;

(9)TecSAR系统,由以色列研制,工作在X波段;

(10)RISAT-1系统,由印度研制,工作在C波段;

(11)CMOPSAT-6系统,由韩国研制,工作在X波段。

中国科学院(简称中科院)合成孔径雷达系统(CAS/SAR)的研制工作从1977年正式开始。该系统工作在X波段,分辨率是30 m。1979年,中国研制出第一台机载SAR原理样机,并于当年9月17日在陕西获得国内第一张SAR图像。1980年,第二台机载SAR进行了飞行试验,分辨率为15 m。1983年,单通道SAR系统研制成功。1987 年,多测绘通道、多极化 SAR 系统研制成功。1994 年,X 波段多通道机载 SAR 研制成功,分辨率为 10 m。此外,航天工业总公司和中国电子科技集团等单位也在进行 SAR 研制工作。2004 年,电子科技集团第 38 所研制开发的机载双极化(HH - HV、VH - VV)SAR 系统获得了一批双极化数据。目前,中国机载 SAR 系统已经具备多波段、多极化能力。2008—2010 年,机载多波段、多极化干涉 SAR 西部测图任务实施,解决了低精度数字高程模型(DEM)辅助精化干涉 SAR 测量、双立体 SAR 提取 DEM、X 波段和 P 波段 SAR 正射影像数据融合、立体 SAR 制作数字线划地图(DLG)等多项关键技术,我国与其他国家之间的差距逐步缩小,为中国多波段、多极化的研究注入了新的活力。在研制机载 SAR 的同时,中国也积极开展了星载 SAR 的相关研究:首先是 20 世纪 80 年代末"863"计划部署了发展星载 SAR 的相关课题,然后是中国科学院电子所的星载 SAR 总体设计和论证等。中国科学院电子所研制的星载 SAR 模拟样机于 1998 年研制成功。2006 年 4 月,中国发射了第一颗星载 SAR。2006 年 4 月—2010 年 8 月,中国相继发射遥感系列合成孔径雷达卫星 6 颗。2016 年 8 月,中国首颗 PolSAR 卫星高分三号发射成功,该系统工作于 C 波段,具有全极化测量能力,并有 12 种成像模式。高分三号卫星的分辨率可以达到 1 m,是世界上分辨率最高的 C 频段、多极化卫星。

1.2.2 极化干涉 SAR 研究概述

合成孔径雷达干涉测量技术(InSAR)是一项通过相位信息并结合雷达波长、雷达平台飞行高度、基线距之间的几何关系及波束方向来获取地表三维信息和变化信息的技术。

合成孔径雷达干涉测量技术始于 1969 年 Rogers 和 Ingalls 对金星的观测。Zisk 利用 InSAR 技术于 1972 年获得了月球表面的地形数据。Graham 于 1974 年提出用 InSAR 进行地形测量的原理和方法,并用干涉测量模式进行了地形反演,这是世界上第一次用机载 SAR 系统进行干涉测量。美国 NASA 的喷气推进实验室于 1986 年利用数字处理技术获取了干涉纹图。1988 年,Goldstein 等的研究表明星载 SAR 数据可以进行干涉测量。20 世纪 90 年代,随着大量研究工作的展开,InSAR 技术获得了长足的发展。

另外,SAR 系统的不断发展也同样推动着 InSAR 技术走向成熟。自 ERS - 1 于 1991 年发射之后,日本于 1992 年发射 JERS - 1,欧洲航天局于 1995 年发射 ERS - 2,加拿大于 1995 年发射了 Radarsat - 1 卫星。以上卫星的发射为广大科研人员提供了大量的 InSAR 数据,通过对这些数据的研究,InSAR 技术从纯理论走向了实际应用。随着干涉技术在理论上趋于成熟,1988 年 Cloude 等利用全极化数据研究了极化、频率对相干性的影响,开辟了 SAR 对地观测的一个新的方向,极化 SAR 干涉测量技术(POLInSAR)研究拉开了序幕;此后,Cloude 等提出了极化干涉的相干最优算法和基于该方法的目标分解理论,为极化干涉奠定了理论基础,为极化雷达干涉进行植被参数反演提供了理论依据。

随后在极化雷达干涉测量技术(POLInSAR)领域,各国科研人员开展了大量的研究工作。Alberga 利用最优相干分解的方法对由人工建筑和植被产生的体去相干因子进行了分析,同时还研究了植被区域的不同散射中心分离问题。Boerner 提出了一种可用于干涉仿真的随机相干极化散射模型。Ulbricht 利用 α 角和极化熵 H 分析了极化信息对干涉纹图的影响。

同时,极化干涉数据的获取手段也在不断进步。1994 年 4 月和 10 月,装载在航天飞机上的 SIR - C/X - SAR 系统进行了两次飞行实验,这两次飞行由美国、德国、意大利、中国、英国等 13 个国家参加,获取了全球大量的全极化雷达数据,为人们研究极化雷达干涉测量提供了丰富的实验数据。德国宇航中心(DLR)的 ESAR 全极化系统和 NASA/JPL 实验室的 TOPSAR 和 AIRSAR 系统分别于 1997 和 1998 年获得了全极化数据。

这些系统收集到的数据为广大科研团体和个人研究提供了保障,从目前发表的文章来看,大多数科研都是基于这些数据开展的研究。进入 21 世纪,全极化数据的获取手段发生了质的飞跃。2006 年,日本成功发射了 ALOS 卫星,该卫星是世界上第一颗搭载全极化 SAR 的卫星,工作在 L 波段,它为获取星载极化干涉数据拉开了序幕。随后,德国在 2007 年发射了星载多极化 TerraSAR - X;同年,加拿大发射了星载 Radarsar - 2,其具有多模式工作方式,工作在 C 波段。

目前,国内有许多单位从事 POLInSAR 技术的研究,主要有中科院电子所、清华大学、国防科技大学、中科院遥感所、电子科技大学、哈尔滨工业大学、中国人民解放军战略支援部队信息工程大学、中科院光电所、中国林业科学研究院、中科院地面观测与数字地球中心、浙江大学、武汉大学等。

1.2.3 极化干涉 SAR 林业应用研究概述

极化干涉的应用随着极化雷达干涉数据的不断获取变得越来越广泛,如地物分类、生物量和树高估计、植被地区的参数反演、环境灾害监测、城市建筑分析等。

下文主要介绍极化雷达林业应用的早期研究和极化雷达干涉植被结构反演研究的情况。

1. 极化雷达林业应用的早期研究

多极化/全极化雷达系统的散射矩阵可用于建立接收(散射)的电磁场极化信息和发射的电磁波之间的关系,通过该关系可以研究分析和森林相关的参数,主要包括总能量、极化率、极化相位差、线性极化率、最小接收能量与最大接收能量的比值。另外,还可以获得一些其他参数,如协方差矩阵、特征值比、同极化能量、交叉极化能量、极化的能量和去极化的能量等,这些极化参数影像可以直接用于自动分类、可视化显示或研究后向散射机制等。Evans、Durden、Lernoine 和 Freeman 等已经开展了很多类似极化参数的验证研究工作。Evans 等研究了极化参数森林、皆伐地识别技术,发现最小接收能量与最大接收能量比值在皆伐地很低; Zebker 等通过确定一种发射极化产生了一幅可以最大化森林和皆伐地对比度的交叉极化影像。Van Zyl 和 Evans 等提出了一种非监督散射行为分类方法,并观察了相位差、散射波方位角如何随入射波的方位角而变化。Freeman 和 Durden 对单次、双次和体散射三种散射机制分别建立了相应的模型并进行了简化,从而建立极化后向散射参数(直接从影像中提取)与每个散射机制贡献率之间的关系。早期研究结果表明:雷达极化与森林识别的关系是:交叉极化更适合皆伐地的识别。因为砍伐地比森林有更低的交叉极化后向散射,森林冠层同地表面或地面植被相比有较强的多次散射和去极化过程。在散射特性上,皆伐地通常具有强的单向散射,而森林主要表现为漫散射分量。雷达波长与森林识别的关系为利用短波雷达一般很难区分森林和非森林;L 波段和 P 波段适用于森林砍伐、其他森林稀疏作业和森林非森林的识别。入射角与森林识别的关系为小的入射角不适于森林砍伐的探测。Mueller 和 Hoffer 的研究发现:砍伐的林地在 28°入射角影像上无法识别,但在 45°和 48°入射角影像上可以识别。极化方式对森林生物量变化的反应为同一波段不同极化方式对生物量变化的敏感性有所不同,如 P 波段的水平极化和水平与垂直交叉极化的敏感性都比垂直极化强。对同一生物量水平,各波段后向散射都表现出水平极化最高,垂直极化最低,水平与垂直交叉极化居中的特性。P 波段垂直极化后向散射系数比水平极化高;水平与垂直交叉极化的后向散射系数随林分生物量的升高而增加。P 波段水平垂直极化数据是进行森林地上生物量制图的最佳波段;与其他波段相比 P 波段水平与垂直交叉极化和 L 波段水平与垂直交叉极化对生物量的敏感性高,而且饱和点有所增加。

2. 极化干涉模型与植被结构反演

极化雷达干涉散射机理和模型的研究对树高、衰减系数等森林参数的反演具有重要意义,各国研究人员在这方面做了大量工作。水云模型是最早用于森林植被的干涉 SAR 模型,但其需要一定数量的实测数据估计模型参数。1996 年,Treuhaft 等从物理性质出发对植被的散射行为进行了建模,提出了三种模型:包含地面散射成分的随机方向性(RVOG)模型、随机方向性散射(RV)模型和方向性散射(OVOG)模型,其中 RVOG 可以利用单基线极化干涉数据进行求解。Cloude 等基于 RVOG 和 OVOG 建立了极化干涉 SAR 森林树高反演的模型和方法,进行了广泛的理论分析和实际数据应用验证,提出了需要求解多元线性方程组的迭代反演法和经过简化步骤和运算量的三步反演法。Yamada 等根据森林树冠的研究提出了基于相位中心分离算法 ESPRIT 的树高反演。杨健等对 ESPRIT 进行了改进，提高了运算速度和反演效果。Lopez Sanclez 等对基于极化干涉提取林分高度方法进行了研究。Tabb 等根据简单二层相干散射模型得到了考虑植被结构和坡度的相干散射模型的结果。

在基于 RVOG 模型的树高提取方法中，DEM 差分法需要选择体散射和面散射，选择的方法有 Cloude 提出的基于干涉相干优化的方法、Yamada 提出的基于 ESPRIT 算法的优化方法。Cloude 从复相干系数的复平面分布特性出发，提出了基于 RVOG 散射模型的三阶段模型反演算法。由于该方法需要同时利用相干系数和相位求解，因此对极化定标误差比较敏感。Mette、Papathanassiou、Sagues 等的研究表明在机载数据方面该方法是目前最好的方法。Coulde 还提出了一种只基于相干系数的模型反演方法，以避免全模型反演方法的运算量大的问题。Papathanassiou 还提出了一种可以综合考虑衰减和垂直结构的半经验方法，运算速度成倍提高，而精度可以控制在 90% 的理论范围之内。

综上可见，以上的这些模型和算法都是基于 SIR - C/X SAR 和 E - SAR 数据进行的，适用于 L 波段极化干涉 SAR 数据。对于 P 波段数据直接利用基于 L 波段建立的方法估算时误差较大，因此需要进行相应改进研究。此外，还有学者利用分形技术对植被进行建模。由于植被区域的散射行为十分复杂，只有建立更符合实际的模型才能对植被参数进行准确的反演，这就需要我们对植被地区的散射机理进行更深层次的分析。在应用 RVOG 模型时必须对体相干进行准确的估计才能提高反演精度，这也是我们需要重点考虑的问题。

另外，目前的这些反演模型和方法仍存在一些问题和局限性。首先是时间去相关问题，因为星载 SAR 系统通过重复轨道观测模式获得数据，两次观测之间时间去相关问题不可避免；其次，以上模型进行了一定假设，并通过引入冠层深度参数来简化复杂林分结构，因此对林分结构形态描述欠妥；最后，目前的方法大多是针对森林平均树高的反演，在低矮植被和其他波段植被参数反演上相关模型还不是很完善，因此我们需要研究发展更完善的可以考虑不同植被类型、复杂垂直结构、时间去相干噪声影响和不同波段的，以参数反演为目标的相干散射模型，发展更加稳健的反演方法仍是目前的研究重点。

1.3 本书内容及章节安排

本书首先介绍了极化雷达干涉测量的相关原理，然后以此为基础重点研究了 ALOS PALSAR 全极化数据的极化分解和极化分类，最后对极化雷达干涉植被特性和基于极化相干层析技术进行林分高度估算进行了分析。

本书主要结构如下：

第1章：回顾了极化雷达的发展历程，介绍了极化雷达干涉测量的研究进展，分析了极化雷达和极化雷达干涉在森林方面的研究结果和进展。

第2章：介绍了研究区概况、数据获取情况，结合极化数据相关理论对 ALOS PALSAR 全极化数据进行了分析；在干涉测量模式和干涉测量模型基础上分析了雷达成像原理；介绍了极化雷达干涉测量相关理论，并总结出了极化雷达干涉测量数据处理的一般步骤，为后续章节的相关分析奠定了基础。

第3章：比较全面地对基于相干目标的极化分解算法（Pauli 分解、Krogager 分解和 Cameron 分解）和针对 Mueller 矩阵、相干矩阵和协方差矩阵的分解算法（Freeman 分解、Huynen 分解、Cloude 分解（$H-\alpha$）和 Holm 分解）进行了详细的分析和推导。在每一小节中对全极化 ALOS PALSAR 数据进行了以上七种分解，给出了相应的分解结果，分析了 ALOS PALSAR 全极化数据分解的特点。

第4章：系统地分析了极化相干分解方法：H/α 分类、$H/A/\alpha$ 分类、非监督 Wishart ML 分类和监督 Wishart ML；分析了极化雷达干涉图像分类方法：非监督 Wishart ML 分类方法。在每一小节对 ALOS PALSAR 全极化数据的分类结果做了比较分析，得出了有益的结论。

第5章：对植被遥感的一些典型问题：无植被覆盖的地面反射、随机体散射及面散射和体散射的混合散射进行了分析；从理论层面对极化雷达干涉数据反演林分高度方法进行了分析，引出了基于振幅相干和 DEM 差分法相融合的树高估算方法，详细推导了极化相干层析技术法估算植被垂直结构的原理，总结了该方法的估算步骤；分析了 ALOS PALSAR 全极化数据干涉结果不理想的影响因素，总结了在时间去相干影响比较严重的情况下数据的处理步骤；从地面平整度、地面湿度、方位向坡度、距离向坡度、树型、树高、林分密度等方面对极化雷达干涉特性进行了分析，并通过 ALOS PALSAR 全极化雷达干涉数据和仿真数据反演了林分高度，进行了相应的精度分析。

第 2 章　研究区概况及数据分析

2.1　研究区概况

2.1.1　地理位置

本书的研究区域位于黑龙江省北部的塔河县。塔河县于 1981 年建县，是中国最北部的两个县之一，属大兴安岭地区辖县，地处东经 123°19′～125°48′，北纬 52°09′～53°23′，北侧与俄罗斯接壤，边境线长约 170 km。塔河县位于大兴安岭地区的中心地带，公路、铁路交通发达，是南北东西来往的要冲。塔河县总面积 14 420 km^2，林业施业区面积 91.8 万 hm^2。塔河是一个以林业为主体经济的政企合一的县，全县总人口逾十万人，县辖三乡三镇，林业局辖九个林场、四个贮木场，一个经营所。

本书研究的具体地理位置为东经 123.4°～124.9°，北纬 52.3°～53.4°。图 2－1中的矩形框即是本研究区具体位置（图片源于 google 地图）。塔河县森林覆盖完整、植被类型丰富，并且位于山区，因此地形丰富，研究区域内有河流通过，这些条件为后续研究提供了便利。

图 2－1　研究区地理位置

2.1.2　气温状况

研究区地处北温带,属寒温带大陆性气候。该区域气候变化显著,主要受大陆和海洋高、低级季风交替的影响;冬季长达6个月之久,干燥而寒冷,夏季短暂而湿热,春季多大风而少雨,秋季降温急剧,霜冻来得早,初霜期为9月份,终霜期为5月份,平均无霜期98天;塔河县多年平均气温-2.4 ℃,昼夜温差大,最多时温差达47.2 ℃,极端最高气温和极端最低温分别是37.2 ℃(1992年)和-45.8 ℃(1980年);年平均降水量463.2 mm,主要集中在7,8月份;年日照时数约为2 400 h,有效积温为1 276~1 969 ℃。

2.1.3　森林资源状况

塔河县森林资源得天独厚,境内林木茂密、树种丰富,森林覆盖率为83%;木材蓄积量5 340万 m^3,其中成过熟林蓄积为488万 m^3,主要树种有白桦(*Betula platyphylla*)等10余种。据相关资料统计,截至2006年末,塔河地区已累计为国家生产木材2 000万 m^3。目前,塔河县年核定木材生产规模为22.2万 m^3。

2.2　ALOS PALSAR全极化数据和小班数据获取

2.2.1　ALOS PALSAR传感器基本参数

ALOS卫星是日本于2006年1月24日发射成功的先进对地观测卫星,该卫星的基本参数见表2-1。ALOS卫星是世界上第一颗搭载全极化SAR的卫星,作为JERS-1的后继星,它能够获取全球高分辨率陆地观测数据,其PALSAR数据将应用于全球森林生物量的定量估测和热带森林的监测,为全球碳循环研究提供数据支持。ALOS卫星载有PALSAR传感器,该传感器的基本参数见表2-2,其中全极化模式还属于试验模式,能获得L波段的全极化数据(HH、HV、VH、VV),可以用于重复干涉测量。本书利用的数据是全极化模式下获取的塔河地区的PALSAR全极化数据,数据获取的时间分别是2007年5月7日和2007年11月7日。

表 2-1　ALOS 卫星基本参数

<table>
<tr><td>发射时间</td><td>2006 年 1 月 24 日</td></tr>
<tr><td>运载火箭</td><td>H-IIA</td></tr>
<tr><td>卫星质量</td><td>约 4 000 kg</td></tr>
<tr><td>产生电量</td><td>约 7 000 W · h(生命末期)</td></tr>
<tr><td>设计寿命</td><td>3~5 年</td></tr>
<tr><td rowspan="5">轨道</td><td>太阳同步轨道</td></tr>
<tr><td>重复周期:46 天</td></tr>
<tr><td>重访时间:2 天</td></tr>
<tr><td>高度:691.65 km</td></tr>
<tr><td>倾角:98.16°</td></tr>
<tr><td>姿态控制精度</td><td>2.0×10⁻⁴(配合地面控制点)</td></tr>
<tr><td>定位精度</td><td>1 m 以内</td></tr>
<tr><td>数据速率</td><td>240 Mb/s(通过数据中继卫星),120 Mb/s(直接下传)</td></tr>
<tr><td>星载数据存储器</td><td>固态数据记录仪(90 GB)</td></tr>
</table>

表 2-2　PALSAR 传感器基本参数

<table>
<tr><td>模式</td><td colspan="2">高分辨率模式</td><td>扫描式合成孔径雷达</td><td>极化(试验模式)</td></tr>
<tr><td>中心频率</td><td colspan="4">1 270 MHz (L 波段)</td></tr>
<tr><td>线性调频宽度/MHz</td><td>28</td><td>14</td><td>14, 28</td><td>14</td></tr>
<tr><td>极化方式</td><td>HH、VV</td><td>HH+HV、VV + VH</td><td>HH、VV</td><td>HH+HV+VH+VV</td></tr>
<tr><td>入射角</td><td>8°~600°</td><td>8°~600°</td><td>18°~430°</td><td>18°~300°</td></tr>
<tr><td>空间分辨率/m</td><td>7~44</td><td>44~88</td><td>100(多视)</td><td>24~89</td></tr>
<tr><td>幅宽/km</td><td>40~70</td><td>40~70</td><td>250~350</td><td>20~65</td></tr>
<tr><td>量化长度/bit</td><td>5</td><td>5</td><td>5</td><td>5</td></tr>
<tr><td>数据传输速率/(Mb/s)</td><td>240</td><td>240</td><td>120,240</td><td>240</td></tr>
</table>

2.2.2　ALOS PALSAR 数据获取

如表 2-3 所示,PALSAR 数据产品共有 Level 1.0、Level 1.1 和 Level 1.5 三种级别,其中 Level 1.0 是原始数据,Level 1.1 是经过方位向和距离向预处理的复数产品，Level 1.5 是经过地理编码或地理参考的产品。本书购买的数据是 Level 1.1 级别的数据，为对地观测卫星委员会(CEOS)标准格式。

表 2－3 PALSAR 数据产品介绍

PALSAR	Level 1.0	独立的不同极化方式数据文件，8 bit，附带辐射与几何纠正参数
	Level 1.1	经过距离和方位(单视)压缩，斜距坐标，含相位信息
	Level 1.5	经过距离和方位(多视)压缩、辐射与几何纠正、地图投影。地理编码数据，采样间隔在高分辨率模式(fine resolution mode)可选 R Geo－reference G Geo－coded

本数据获取的具体流程：首先根据研究区域的地理坐标查询是否有合适的存档数据(查询地址：https://cross.restec.or.jp)，然后填写订单，写清楚轨道号、时相、区域坐标、数据格式等信息，发送到中科院对地观测与数字地球科学中心由他们向日本方面订购，最后由中科院对地观测与数字地球科学中心发送给用户。

本书在购买数据时考虑到要做干涉，因此需要尽量避免时间去相干的影响，即两景影像获取的时间间隔需要尽量短，由于 ALOS 卫星重访周期为 46 天，并且在重访时存在可能没获取该地区数据的情况，因此本研究区的数据原本打算购买 2007 年 4 月份和 7 月份的两景数据，但是由于数据质量的原因最后购买的是 2007 年 5 月份和 2007 年 11 月份的两景数据，数据轨道号和时相见表 2－4。

表 2－4 塔河 PALSAR 数据轨道号和时相

辖区	文件名	轨道号	时相
中国(塔河)	A0907325－033	421－1050	20071107
中国(塔河)	A0907325－034	421－1050	20070507

2.2.3 小班数据获取

本书还收集到了塔河地区 2005 年的小班数据，虽然和 PALSAR 数据不是同一时期的，但是其坡度、坡向、优势树种、平均树高、郁闭度等信息也为本书提供了地面参考。

2.3 极化雷达图像数据及 PALSAR 数据分析

2.3.1 描述极化的矩阵

1. Stokes 矩阵

电磁波的极化可以采用各分量都为实数的 Stokes 矢量来描述，Stokes 矢量对完全极化波的定义如下：

$$\boldsymbol{J}=\begin{bmatrix}g_0\\g_1\\g_2\\g_3\end{bmatrix}=\begin{bmatrix}|E_{\mathrm{H}}|^2+|E_{\mathrm{V}}|^2\\|E_{\mathrm{H}}|^2-|E_{\mathrm{V}}|^2\\2|E_{\mathrm{H}}||E_{\mathrm{V}}|\cos\varphi\\2|E_{\mathrm{H}}||E_{\mathrm{V}}|\sin\varphi\end{bmatrix}\tag{2-1}$$

Stokes 矢量对非完全极化波的定义如下：

$$\boldsymbol{J}=\begin{bmatrix}g_0\\g_1\\g_2\\g_3\end{bmatrix}=\begin{bmatrix}\langle|E_{\mathrm{H}}(t)|^2\rangle+\langle|E_{\mathrm{V}}(t)|^2\rangle\\\langle|E_{\mathrm{H}}(t)|^2\rangle-\langle|E_{\mathrm{V}}(t)|^2\rangle\\2\mathrm{Re}\langle E_{\mathrm{H}}(t)E_{\mathrm{V}}^*(t)\rangle\\-2\mathrm{lm}\langle E_{\mathrm{H}}(t)E_{\mathrm{V}}^*(t)\rangle\end{bmatrix}\tag{2-2}$$

式中 $\langle\cdot\rangle$——集合平均；

g_0——电磁波的振幅；

g_1——垂直极化和水平极化之间的强度差，用以描述垂直或水平极化在波中所占分量；

g_2、g_3——电磁场垂直和水平分量之间的相位差。

波的极化和振幅可以通过全部为实数的 Stokes 矢量的各个分量来描述，对于非完全极化波 Stokes 矢量的各个分量满足公式 $g_0^2>g_1^2+g_2^2+g_3^2$，对于完全极化波各个分量满足公式 $g_0^2=g_1^2+g_2^2+g_3^2$。

对于完全极化波，可以将电磁波的几何参数(χ,ψ)、相位参数(ξ,φ)与 Stokes 矢量的各个分量联系起来：

$$\boldsymbol{J}=\begin{bmatrix}g_0\\g_1\\g_2\\g_3\end{bmatrix}=\boldsymbol{E}_0^2\begin{bmatrix}1\\\cos2\chi\cos2\psi\\\cos2\chi\sin2\psi\\\sin2\chi\end{bmatrix}=\boldsymbol{E}_0^2\begin{bmatrix}1\\\cos2\xi\\\sin2\xi\cos\varphi\\\sin2\xi\sin\varphi\end{bmatrix}\tag{2-3}$$

表 2-5 给出了电磁波水平极化、垂直极化、左旋圆极化、右旋圆极化状态的描述。

表 2-5 电磁波极化状态的描述

极化状态	描述参数			
	椭圆倾角 ψ	椭圆率角 χ	Jones 矢量	Stokes 矢量
水平极化	0°	0°	$\begin{bmatrix}1\\0\end{bmatrix}$	$\begin{bmatrix}1\\1\\0\\0\end{bmatrix}$
垂直极化	90°	0°	$\begin{bmatrix}0\\1\end{bmatrix}$	$\begin{bmatrix}1\\-1\\0\\0\end{bmatrix}$
左旋圆极化	-90°~90°	45°	$\frac{1}{\sqrt{2}}\begin{bmatrix}1\\-j\end{bmatrix}$	$\begin{bmatrix}1\\0\\0\\1\end{bmatrix}$
右旋圆极化	-90°~90°	-45°	$\frac{1}{\sqrt{2}}\begin{bmatrix}1\\j\end{bmatrix}$	$\begin{bmatrix}1\\0\\0\\-1\end{bmatrix}$

从表 2-5 可以看出全极化数据有四种基本极化状态，根据这四种基本极化状态的进一步组合，每景全极化数据可以产生以下八种极化状态：HH、HV、VV、HH + VV（水平极化和垂直极化相加）、HH - VV（水平极化和垂直极化相减）、LL（左旋圆极化）、LR（左旋右旋交叉极化）、RR（右旋圆极化），在进行干涉处理时每景影像可以从这八种极化状态中任选择一种极化状态进行干涉，因此全极化数据的干涉结果具有多种形式。

2. 散射矩阵

散射矩阵又称 Sinclair 矩阵，反映了入射波电场 $\boldsymbol{E}^t$ 和散射回波电场矢量 $\boldsymbol{E}^r$ 的相互关系：

$$\boldsymbol{E}^{t}=\frac{\mathrm{e}^{\mathrm{i}k_0 r}}{r}S\boldsymbol{E}^{r} \tag{2-4}$$

散射矩阵表示为

$$\boldsymbol{s}=\begin{bmatrix} \boldsymbol{s}_{\mathrm{VV}} & \boldsymbol{s}_{\mathrm{VH}} \\ \boldsymbol{s}_{\mathrm{HV}} & \boldsymbol{s}_{\mathrm{HH}} \end{bmatrix} \tag{2-5}$$

对于发射－接收同天线的极化雷达，如果地面散射体的分布及介电特性是各向同性的，散射矩阵是对称阵，有 $\boldsymbol{s}_{\mathrm{HV}}=\boldsymbol{s}_{\mathrm{VH}}$。

3. Muller 矩阵

Stokes 矩阵在前向散射时又称 Muller 矩阵，反映了入射波与散射回波 Stokes 矢量之间的相互关系。

用（θ_{s}，φ_{s}）与（θ_{i}，φ_{i}）分别表示反射波与入射回波的入射角和方位角，（θ_{j}，φ_{j}）表示散射体的方位角，Stokes 矩阵可描述为

$$\boldsymbol{F}^{r}=\frac{1}{r^2}M(\theta_{\mathrm{s}},\varphi_{\mathrm{s}},\theta_{\mathrm{i}},\varphi_{\mathrm{i}},\theta_{\mathrm{j}},\varphi_{\mathrm{j}})\boldsymbol{F}^{t} \tag{2-6}$$

Stokes 矩阵的计算公式为

$$\boldsymbol{M}=\boldsymbol{R}\boldsymbol{W}\boldsymbol{R}^{-1} \tag{2-7}$$

其中，$\boldsymbol{R}=\begin{bmatrix} 1 & 1 & 0 & 0 \\ 1 & -1 & 0 & 0 \\ 0 & 0 & 1 & 1 \\ 0 & 0 & -i & i \end{bmatrix}$，$\boldsymbol{W}=\begin{bmatrix} \boldsymbol{s}_{\mathrm{VV}}^{*}\boldsymbol{s}_{\mathrm{VV}} & \boldsymbol{s}_{\mathrm{VH}}^{*}\boldsymbol{s}_{\mathrm{VH}} & \boldsymbol{s}_{\mathrm{VH}}^{*}\boldsymbol{s}_{\mathrm{VV}} & \boldsymbol{s}_{\mathrm{VV}}^{*}\boldsymbol{s}_{\mathrm{VH}} \\ \boldsymbol{s}_{\mathrm{HV}}^{*}\boldsymbol{s}_{\mathrm{HV}} & \boldsymbol{s}_{\mathrm{HH}}^{*}\boldsymbol{s}_{\mathrm{HH}} & \boldsymbol{s}_{\mathrm{HH}}^{*}\boldsymbol{s}_{\mathrm{HV}} & \boldsymbol{s}_{\mathrm{HV}}^{*}\boldsymbol{s}_{\mathrm{HH}} \\ \boldsymbol{s}_{\mathrm{HV}}^{*}\boldsymbol{s}_{\mathrm{VV}} & \boldsymbol{s}_{\mathrm{HH}}^{*}\boldsymbol{s}_{\mathrm{VH}} & \boldsymbol{s}_{\mathrm{HH}}^{*}\boldsymbol{s}_{\mathrm{VV}} & \boldsymbol{s}_{\mathrm{HV}}^{*}\boldsymbol{s}_{\mathrm{VH}} \\ \boldsymbol{s}_{\mathrm{VV}}^{*}\boldsymbol{s}_{\mathrm{HV}} & \boldsymbol{s}_{\mathrm{VH}}^{*}\boldsymbol{s}_{\mathrm{HH}} & \boldsymbol{s}_{\mathrm{VH}}^{*}\boldsymbol{s}_{\mathrm{HV}} & \boldsymbol{s}_{\mathrm{VV}}^{*}\boldsymbol{s}_{\mathrm{HH}} \end{bmatrix}$。

4. 相干矩阵与协方差矩阵

对于某确定性目标，其极化数据还可以用目标的散射矢量表示，散射矢量有两种表示形式，基于 Borgeaud 的表示形式如下：

$$\boldsymbol{k}_{\mathrm{B}}=\begin{bmatrix} \boldsymbol{s}_{\mathrm{HH}} & \sqrt{2}\boldsymbol{s}_{\mathrm{HV}} & \boldsymbol{s}_{\mathrm{VV}} \end{bmatrix}^{\mathrm{T}} \tag{2-8}$$

基于 Pauli 的表示形式如下：

$$\boldsymbol{k}_{\mathrm{P}}=\frac{1}{\sqrt{2}}\begin{bmatrix} \boldsymbol{s}_{\mathrm{HH}}+\boldsymbol{s}_{\mathrm{VV}} & \boldsymbol{s}_{\mathrm{HH}}-\boldsymbol{s}_{\mathrm{VV}} & \sqrt{2}\boldsymbol{s}_{\mathrm{HV}} \end{bmatrix}^{\mathrm{T}} \tag{2-9}$$

由于散射矩阵元素不能用于表征地面起伏性的目标，因此可以定义协方差矩阵[$\boldsymbol{C}$]和相干矩阵[$\boldsymbol{T}$]，它们包含了散射特性的二阶统计量，[$\boldsymbol{C}$]和[$\boldsymbol{T}$]的定义分别如下：

$$[\boldsymbol{C}]=\langle \boldsymbol{k}_{\mathrm{B}}\boldsymbol{k}_{\mathrm{B}}^{\mathrm{H}}\rangle \tag{2-10}$$

$$[\boldsymbol{T}]=\langle \boldsymbol{k}_{\mathrm{P}}\boldsymbol{k}_{\mathrm{P}}^{\mathrm{H}}\rangle \tag{2-11}$$

2.3.2 极化雷达图像数据及 PALSAR 数据分析

对地观测卫星委员会创立于 1984 年，由 NASA、法国国家太空研究中心(CNES)、ESA、日本宇宙航空研究开发机构(NASDA)等组成，其主要任务是制定遥感数据发布的标准。卫星图像的传统格式是 CEOS 格式，它含有遥感图像数据以及根据遥感图像产品类型和指标所要求的附加数据，该格式由多个文件和通用变量构成，目前卫星图像供应商和各大航天局一般都使用该格式提供遥感图像数据。

根据数据预处理的程度可以将雷达图像分为原始数据、单视极化复数据和多视极化数据三种类型，其中原始数据未经过任何预处理，如果经过距离向处理(脉冲压缩)和方位向处理(SAR 合成)，则变成了单视极化复数据。

1. 原始数据

虽然各大航天局所提供的原始遥感图像数据都是二维数组形式，但是这种数据中的图像信息并不是那么直观。因为分辨率的问题，很难将原始数据称为图像(无论在距离向还是在方位向，对雷达信号接收机而言，其分辨率都是好几千米，相当于原始遥感图像数据二维数组中的好几百行或列)。

虽然原始数据图像信息不直观，但是该数据对某些特定的雷达图像合成有所帮助，并且原始雷达图像数据通常都附带多种信息。

通过较低的采样率可以把原始数据数字化，数字化中常用的编码形式有麦哲伦(Magellan)系统的数据编码(由 2 bit 的虚部和 2 bit 的实部构成)和 ERS 系统的数据编码(由 5 bit 的虚部和 5 bit 的实部构成)。Magellan 系统的数据编码除了符号信息之外，只传送 1 bit 的信息，因此该编码数据的传输是最快速高效的。

2. 单视极化复数据

单视极化复数据(single look complex, SLC)在应用中一般以 S 矩阵的形式给出。

对原始数据进行方位向合成预处理和距离向脉冲压缩预处理后得到的二维复数组已经可以称为图像了，因为雷达载体的运动方向和电磁波的发射方向与二维数组的方向始终保持一致，此时整个被成像区域已经可以用二维数组的幅度信息表示。幅度信息可以作为图像来处理，但是由于受到相干斑噪声的影响，这类图像的解译比较困难。另外，单视极化复数据的相位信息也能够作为干涉测量的基础。

在机载的情况下，单视极化复数据可以用图像的相位和幅度存储；在星载情况下，单视极化复数据的每个像素由实部和虚部两个部分来表示，编码形式为 16 bit 整型。由于雷达载体的运动方向和电磁波的发射方向与二维数组的方向始终保持一致，单视极化复数据的图像平行于雷达载体的运行轨道。

在 2.2.2 节中已经提到本书所购买的 PALSAR 全极化数据是 level 1.1 级别的

数据,该级别的数据是单视极化复数据。图 2 - 2 是塔河地区 A0907325 - 033 文件的 PALSAR 数据散射矩阵 s_{VV} 分量对应的单视影像(像素大小:18 432 ×1 248)和局部放大图,图 2 - 2(a)方框中的图像放大到一定倍数后如图 2 - 2(b)所示。由图 2 - 2 可以看出,虽然单视极化复数据能够可视化,可以作为图像来处理,但是由于长宽比失调,目视效果不是很好。

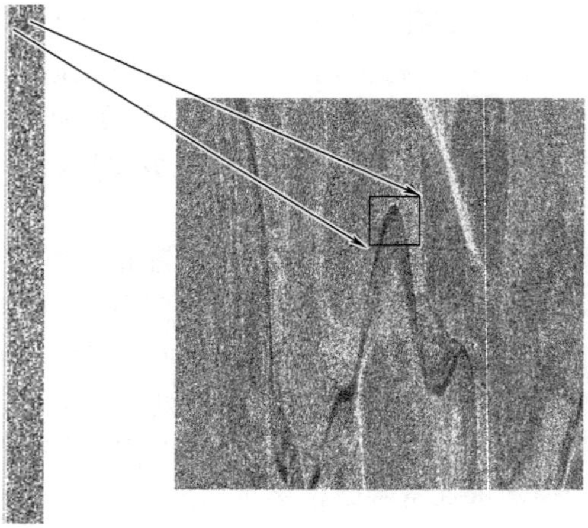

(a)单视影像　　(b)局部放大图

图 2 - 2　塔河地区 PALSAR 数据散射矩阵 s_{VV} 分量

3. 多视极化数据

NASA 的喷射推进实验室制造的机载 AirSAR 系统是目前可以提供三种波段(P、L、C)全极化数据的成像雷达;SIR - C/X - SAR 系统(装载在航天飞机上)是可以提供 X 波段(X - SAR)、L 波段和 C 波段(SIR - C)的全极化数据的成像雷达。

机载 AirSAR 系统有四种极化通道,提供的数据格式有复稀疏矩阵数据格式(10 字节/像素)、检测数据格式、stokes 矩阵数据格式(10 字节/像素)。

与 SIR - C 的单视复数型(SLC)格式相同,复稀疏矩阵数据格式在头文件中读一个压缩后的因子;作为一种未压缩的格式,检测数据格式(每个像素由 4 个实数字节构成)通常有一个极化文件;Stokes 矩阵数据格式不能和 SIR - C 的多视复数型(MLC)格式混淆。

SIR - C/X - SAR 系统可以提供 SLC、MLC 和多视检测型(MLD)三种类型的数据,见表 2 - 6。这些数据是经过压缩的,需要解压缩。

表 2-6 SIR-C/X-SAR 数据

数据	SLC	MLC	MLD
4 个极化通道	可以(10 字节/像素)	可以(10 字节/像素)	不可以
2 个极化通道	可以(6 字节/像素)	可以(5 字节/像素)	不可以
1 个极化通道	可以(4 字节/像素)	不可以	可以(2 字节/像素)

4. 多视处理

多视处理即分别对单视极化复数据进行距离向和方位向多点平均计算；单视极化复数据经多视处理后可以进行多视显示，如图 2-3 所示；用于多视处理的数据既可以是经过干涉处理后得到的复数据也可以是雷达数据处理过程中生成的相位、振幅等数据。

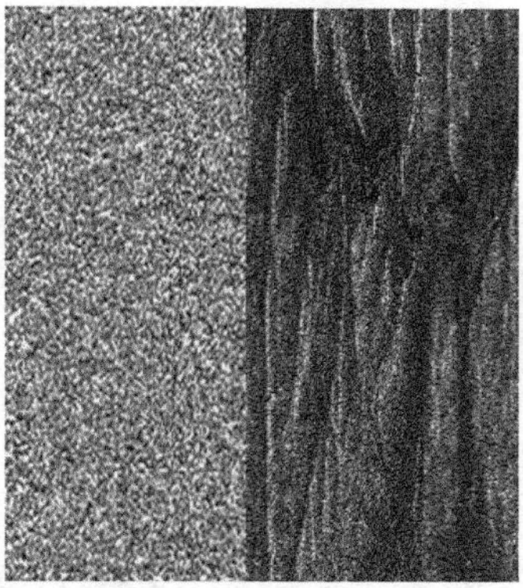

(a)单视极化复数据

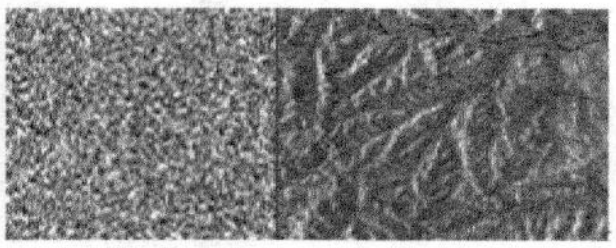

(b)多视极化复数据

图 2-3 塔河地区单视极化复数据和多视极化复数据影像

由于在距离向和方位向复乘数据具有不同的分辨率，干涉处理得到的每个像元并不代表近似正方形地面区域，因此会产生在某个方向被“拉伸”的效果，类似图 2-3(a)的相位和振幅对应的图像。为了抑制干涉后所得数据噪声和斑点噪声的影响，同时使每个像元代表近似正方形的地面区域，需要进行多视处理。多视处理会使 SAR 数据的空间分辨率降低、数据量减少。同时需要注意的是：当空间分辨率降低到一定极限后，后续的相位解缠将无法进行，因此距离向和方位向多视数据的选择不易过大。

图 2-3(a)为单视极化复数据影像，经过 5×1(方位向选 5，距离向选 1)多视处理后得到图 2-3(b)多视极化复数据影像。由于单视极化复数据影像距离向分辨率

远小于方位向分辨率，因此图 2－3(a)在方位向从视觉上看被"拉伸"了，此时每个像素并不能代表一个近似正方形的地面区域。为了使雷达影像的每个像元都能够代表一个近似正方形的地面区域。在显示时通过在距离向和方位向各选择一定的视数，进行多视处理就可以使影像像元近似表示地面一个正方形的区域。从图 2－3(b)的多视图可以看出，由于多视处理后每一像素代表地面的方形区域，此时图像符合正常视觉效果，斑点噪声得到了有效抑制，多视处理也使影像数据变小。

5. 基本散射机理

雷达电磁波的散射过程与可见光在物体表面发生的散射过程类似。地物目标的散射机理指电磁脉冲在地物目标表面一部分能量经过反射将返回雷达天线，而其余部分能量则散射至其他方向的反射过程。极化散射机理指地物目标对不同极化的入射电磁波会表现出各不相同的散射特性，主要包括表面散射、漫散射、偶次散射、体散射，如图 2－4 所示。由于散射机理的不同，不同地物对应的雷达影像也有所不同，如图 2－5 所示。

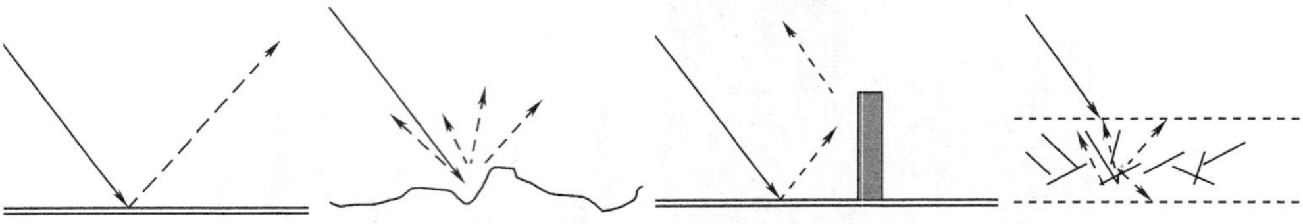

(a)表面散射　(b)漫散射　(c)偶次散射　(d)体散射

图 2－4　四种基本散射模型

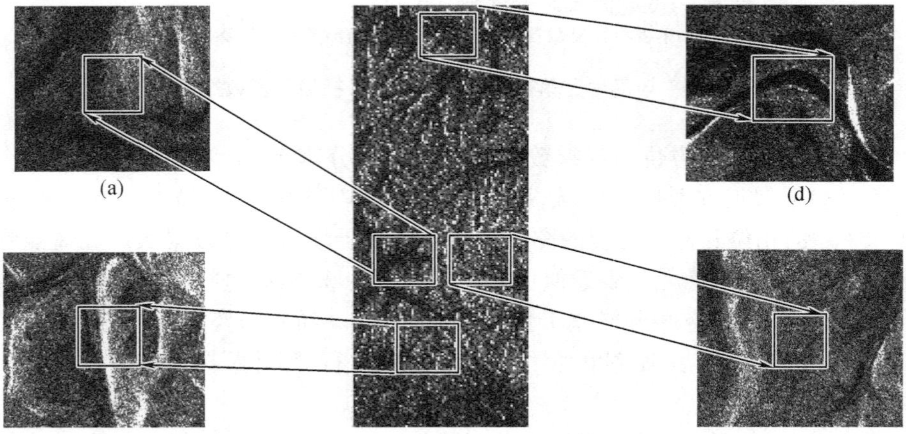

(a)　(b)　(c)　(d)　(e)

图 2－5　塔河地区 PALSAR 图像基本散射形式

(1)表面散射

表面散射又称奇次散射,是极化电磁波在平面光滑的介质上(如水面、公路面、光滑平整的岩石、干枯河床等)发生的散射过程,如图 2-4(a)所示。在入射角比较大的情况下,平面光滑介质的回波能量通常比较低(小于 -20 dB),此时得到的雷达图像通常比较暗;当入射角接近于 0 时,天线所接收到的回波能量会很大,这样的地物(如垂直于入射方向的斜坡或建筑物的倾斜的屋顶等)对应的图像比较亮。表面散射模型对应的归一化散射矩阵为

$$\boldsymbol{S}_{\text{surface}} = \begin{bmatrix} s_{\text{HH}} & s_{\text{HV}} \\ s_{\text{VH}} & s_{\text{VV}} \end{bmatrix} = \begin{bmatrix} 1 & 0 \\ 0 & 1 \end{bmatrix} \tag{2-12}$$

图 2-5(d)是塔河地区 PALSAR 全极化多视图像上河流对应的图像,图 2-5(c)是经过多视处理的图像,可以明显地看出河流对应的图像比较暗,这也说明了面散射导致回波能量小,图像相对较暗。

(2)漫散射

漫散射又称布拉格散射,指极化电磁波在粗糙介质上所发生的散射过程,如图 2-4(b)所示。与平面散射相比,漫散射模型中雷达天线接收到的回波能量较高。漫散射对应的地物类型为有波浪的水面、凝固的火山熔岩、农作物等,在图像中它们通常表现为从灰色到白色的目标。

粗糙的均方误差 σ 远小于入射波长的微小波动表面的回波散射特性,可以用一个具体的散射模型来描述,如一阶布拉格散射模型,其归一化散射矩阵为

$$\boldsymbol{S}_{\text{bragg}} = \begin{bmatrix} s_{\text{HH}} & s_{\text{HV}} \\ s_{\text{VH}} & s_{\text{VV}} \end{bmatrix} = \begin{bmatrix} \sqrt{\beta} & 0 \\ 0 & 1 \end{bmatrix} \tag{2-13}$$

其中,实极化系数 $\beta = \left| \dfrac{a_{\text{HH}}}{a_{\text{VV}}} \right|^2$。

$$a_{\text{HH}} = \frac{\varepsilon - 1}{\left(\cos\theta + \sqrt{\varepsilon - \sin^2\theta}\right)^2}$$

$$a_{\text{VV}} = (\varepsilon - 1)\frac{\varepsilon(\sin^2\theta + 1) - \sin^2\theta}{\left(\cos\theta + \sqrt{\varepsilon - \sin^2\theta}\right)^2} \tag{2-14}$$

式中 θ——电磁波的入射角;

ε——散射表面的介电常数。

图 2-5(a)是 PALSAR 对应的漫散射情况,在该地区由于植被覆盖稀少,并且地面粗糙,地物在雷达图像中表现为从灰色到白色的目标。

(3)偶次散射

偶次散射又称二面角散射,指极化电磁波在两个互相垂直的散射面之间发生

的散射过程,如图 2 -4(c)所示。森林中粗壮的树干与地面间和城市中墙壁与地面间的散射机理都属于偶次散射,在这种散射下雷达天线所接收到的回波功率较大。假设偶次散射在水平散射面上对垂直极化电磁波的散射系数为 $R_{/\!/\mathrm{V}}$,对水平极化电磁波的散射系数为 $R_{/\!/\mathrm{H}}$;在垂直散射面上对垂直极化电磁波的散射系数为 $R_{\perp\mathrm{V}}$,对水平极化电磁波的散射系数为 $R_{\perp\mathrm{H}}$。则偶次散射在考虑到电磁波在传播以及多次散射中引入的相位衰减的前提下,其归一化散射矩阵可以定义为

$$\boldsymbol{S}_{\mathrm{even}} = \begin{bmatrix} s_{\mathrm{HH}} & s_{\mathrm{HV}} \\ s_{\mathrm{VH}} & s_{\mathrm{VV}} \end{bmatrix} = \begin{bmatrix} \alpha & 0 \\ 0 & 1 \end{bmatrix} \tag{2-15}$$

其中

$$\alpha = \mathrm{e}^{\mathrm{j}2(\gamma_{\mathrm{H}}-\gamma_{\mathrm{V}})}\left(\frac{R_{\perp\mathrm{H}}R_{/\!/\mathrm{H}}}{R_{\perp\mathrm{V}}R_{/\!/\mathrm{V}}}\right) \tag{2-16}$$

式中,γ_{V} 和 γ_{H} 分别为垂直极化和水平极化电磁波的相位衰减。

图 2 -5(b)是 PALSAR 对应的偶次散射情况,该地区位于坡上,由于位置原因,树干与地面间的偶次散射导致回波信号增强,所以影像比较亮。

(4)体散射

如果雷达回波是从非常细的圆柱形散射体组成的在空间随机方向分布的粒子云反射回来的称为体散射,如图 2 -4(d)所示。

由大量枝叶组成的植被区域是体散射模型的典型代表。体散射模型的二阶统计结果可以通过一些假设得到。在标准坐标系下,可以用式(2 -17)的标准散射矩阵来描述体散射模型,其协方差矩阵见式(2 -18):

$$\boldsymbol{S}_{\mathrm{std}} = \begin{bmatrix} s_{\mathrm{H}} & 0 \\ 0 & s_{\mathrm{V}} \end{bmatrix} \tag{2-17}$$

$$\langle \boldsymbol{C}_{\mathrm{volume}} \rangle = \begin{bmatrix} 1 & 0 & \frac{1}{3} \\ 0 & \frac{1}{3} & 0 \\ \frac{1}{3} & 0 & 1 \end{bmatrix} \tag{2-18}$$

森林地区由于被植被覆盖,体散射明显,植被覆盖比较均匀的地区影像的灰度变化范围相对较小,颜色比较均衡。图 2 -5(e)是塔河地区 PALSAR 全极化影像上森林对应的体散射情况,可以看出在森林覆盖地区,由于体散射占主导地位,因此其对应的影像幅度变化范围小。

2.4 干涉雷达成像原理

2.4.1 干涉测量模式

根据雷达两个观测天线之间的几何位置关系、天线的个数和观测飞行的次数，干涉测量可以分为三种测量模式：交轨干涉测量（cross - track interferometry，XTI）、顺轨干涉测量（along - track interferometry，ATI）和重复轨道干涉测量（repeat - track interferometry，RTI）。这三种测量模式的测量原理和主要应用范围如下。

1. 交轨干涉测量

交轨干涉测量是在一个飞行平台上装载两幅天线，其中一幅负责发射但两幅都负责接收电磁波的测量模式，因此一次飞行就可以获得干涉图像对，如图2 - 6(a)所示。在该测量模式下，两幅天线之间的连线与平台的飞行轨迹正交，因此接收的回波具有一定的相干性；由于这两幅天线所接收信号的路径不同，存在路径差，路径差与地形紧密相连，并且该路径差还会造成两幅复图像之间的相位差，因此利用干涉测量技术根据相位信息和干涉测量系统几何参数，就可以获得地形的高程信息，该测量模式通常用于地形高度测量。

2. 顺轨干涉测量

顺轨干涉测量是在飞行平台上装载两副天线同时对地面目标进行观测；该测量模式和交轨干涉相类似，此时基线是与飞行方向一致的，如图2 - 6(b)所示。在该测量模式中飞行平台上的两根天线由于在沿飞行方向的位置上具有一定的距离，因此天线对地面同一散射目标的观测存在较小的时间间隔。若飞行速度为V，后面的天线在时间段B/V即到达前面天线的位置（其中B为观测点与地面目标的距离）；在此间隔内测量到的相位反映的是地面目标的变化信息，此时其他误差如钟漂移和传播延迟的变化可以忽略不计。地面目标的运动状况可以通过该测量模式获得的图像对之间的相位差来确定，地表的变化可以利用顺轨干涉测量不同时间对同一地区的成像。因此，顺轨干涉测量通常用来测量地面的位移。

3. 重复轨道干涉测量

如图2 - 6(c)所示，重复轨道干涉测量在平台上只装载一根天线负责接收和发射电磁波信号。重复轨道干涉测量对同一地区的成像是利用卫星在不同时间在近似平行轨道的情况下获取的；实现干涉测量还需要成像期间地面目标保持一定的相干性。该测量模式既可以进行地面位移测量也可以进行地形高度测量。在今后的一段时间内，利用星载SAR进行干涉测量均采用这种模式。本书所用数据正是重复轨道干涉测量模式测得的，ALOS卫星通过本书研究区的时间分别是2007

年 5 月 7 日和 2007 年 11 月 7 日。

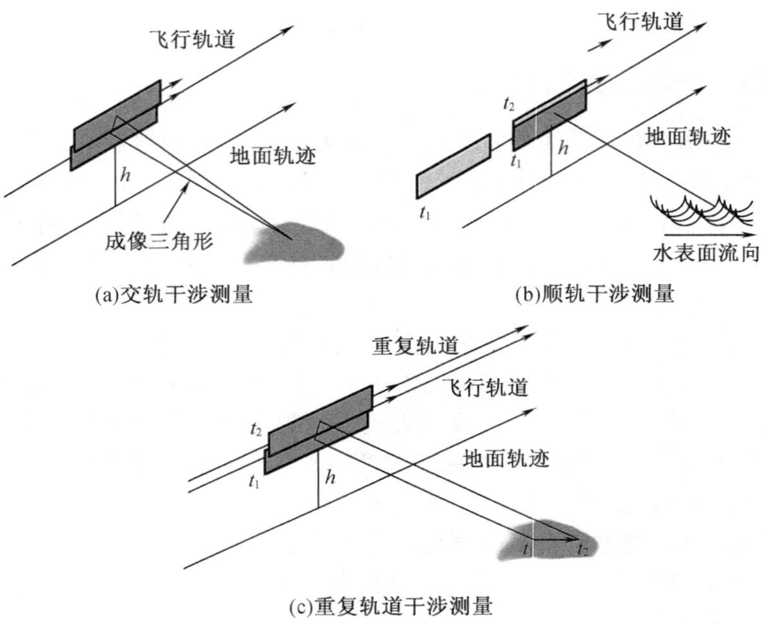

图 2－6　干涉测量模式

由于卫星通过同一地区的时间不同，因此重复轨道干涉测量不可避免地会存在时间去相干，时间去相干的存在对数据干涉处理影响很大，甚至可能导致无法产生干涉图像。因此，在选择影像时尽量选择时间间隔小的数据，以减少时间去相干对干涉结果的影响。

2.4.2　干涉系统模型

由干涉雷达的工作原理可知，只有雷达天线对同一地区的两次回波信号间具有很高的相干性时进行相干处理才能得到准确的地形数据。但是在实际观测中热噪声去相干、基线去相干、时间去相干和数据处理去相干等会影响干涉雷达信号对的相关性。下面将对以上因素进行分析。

雷达天线接收到的两个回波信号的相干性可以用复相干来衡量：

$$\gamma = \frac{\langle s_1 s_1^* \rangle}{\sqrt{\langle |s_1|^2 \rangle \langle |s_2|^2 \rangle}} = \xi e^{i\psi} \tag{2-19}$$

式中　ξ——复相干的幅度，又称相干，ξ 与相位噪声的标准差呈负相关，即 ξ 越大，干涉信号对所形成的干涉相位就越可信，此时噪声标准差越小，高程反演精度就越高；

ψ——复相干的相位，即干涉相位；

s_1、s_2——两个相干的复接收信号，* 表示复共轭。

1. 热噪声去相干

在考虑热噪声去相干的情况下，雷达接收到的两个回波信号可以分别表示为热噪声 n_1 或 n_2 与相干部分 c 的和，即

$$s_i = c + n_i,\quad i = 1,2 \tag{2-20}$$

由于噪声与信号不相关，若定义信噪比 $SNR = \frac{|c|^2}{|n|^2}$，由式(2-20)可得

$$\xi_{\text{thermal}} = \frac{1}{1 + SNR^{-1}} \tag{2-21}$$

回波信号在考虑基线引起的空间去相干影响的情况下可以表示为

$$s_i = c + d_i + n_i,\quad i = 1,2 \tag{2-22}$$

其中，d_i 为基线空间去相干的影响。

在忽略热噪声影响的情况下，由式(2-19)可得

$$\xi_{\text{spatial}} = \frac{|c|^2}{|c|^2 + |d|^2} \tag{2-23}$$

若考虑热噪声，则信噪比为 $SNR = \frac{|c|^2 + |d|^2}{|n|^2}$。此时，相干为

$$\xi_{\text{spatial}+\text{thermal}} = \frac{|c|^2}{|c|^2 + |d|^2 + |n|^2} = \frac{|c|^2}{|c|^2 + |d|^2} \cdot \frac{|c|^2 + |d|^2}{|c|^2 + |d|^2 + |n|^2} = \xi_{\text{spatial}}\xi_{\text{thermal}} \tag{2-24}$$

由以上分析可知，不同因素对系统相干性的影响是按相乘的关系累积的，因此信号的去相干在同时考虑各影响因素的情况下可以表示为

$$\xi = \xi_{\text{spatial}}\xi_{\text{thermal}}\xi_{\text{temproal}} \tag{2-25}$$

其中，ξ_{temproal} 为时间去相干因子。

2. 基线去相干

在只考虑基线去相干的情况下，基线去相干因子可以表示为

$$\xi_{\text{spatial}} = 1 - \frac{2B\delta_r \cos\theta\cos(\theta - \alpha)}{\lambda r} \tag{2-26}$$

式中 δ_r——距离向的分辨率；

θ——两副天线的平均视角，$\theta = \frac{\theta_1 + \theta_2}{2}$。

回波信号的相干性随着基线距增大或视角差增大而下降。干涉测量允许的最大基线长度是相干性为 0 时的基线长度：

$$B_{\max} = \frac{\lambda r}{2\delta_r \cos\theta \cos(\theta - \alpha)} \tag{2-27}$$

通常，基线长度的限制条件也可以用在垂直于视线方向的分量来表示：

$$B_{\perp} = B\cos(\theta - \alpha) \leqslant \frac{\lambda r}{2\delta_{\mathrm{r}} \cos\theta} \tag{2-28}$$

综上可知，虽然高度灵敏度和基线距呈正相关，但是基线距和相干性呈负相关，因此基线设计时既要考虑灵敏度又要考虑相干值。

3. 时间去相干

在重复轨道干涉测量模式下，由于卫星通过同一地区进行观测的时间不同，地面地物目标如森林、海浪或植被等的植被特性可能发生了变化，进而导致两次信号之间相干性降低的现象称为时间去相干。时间去相干因子在假定地物目标特性变化为高斯变化的情况下可以表示为

$$\xi_{\text{temproal}} = \exp\left\{ -\frac{1}{2}\left(\frac{4\pi}{\lambda}\right)^2 (\sigma_y^2 \sin^2\theta + \sigma_z^2 \cos^2\theta) \right\} \tag{2-29}$$

其中，σ_z 和 σ_y 分别为散射点在两次测量期间高度向和水平向的位置改变。σ_z 和 σ_y 越大，ξ_{temproal}越小，当 ξ_{temproal}小到一定程度时所得两幅雷达图像就会无法进行相干处理。

4. 数据处理去相干

数据处理去相干包括方位向配准去相干、距离向配准去相干和插值去相干等。D. Just 在 1994 年给出了方位向配准去相干和距离向配准去相干公式，分别见式(2－30)和式(2－31)：

$$\xi_{\text{reg,a}} = \begin{cases} \dfrac{\sin(\pi\mu_{\mathrm{a}})}{\pi\mu_{\mathrm{a}}}, & 0 \leqslant \mu_{\mathrm{a}} \leqslant 1 \\ 0, & \mu_{\mathrm{a}} > 1 \end{cases} \tag{2-30}$$

其中，μ_{a} 为方位向误匹配像素数。距离向配准去相干与之类似：

$$\xi_{\text{reg,r}} = \begin{cases} \dfrac{\sin(\pi\mu_{\mathrm{r}})}{\pi\mu_{\mathrm{r}}}, & 0 \leqslant \mu_{\mathrm{r}} \leqslant 1 \\ 0, & \mu_{\mathrm{r}} > 1 \end{cases} \tag{2-31}$$

其中，μ_r 为距离向误匹配像素数。

2.4.3 干涉测量原理

干涉测量在距离测量中的应用通常是根据两束相干光的相位差计算出目标的

距离。雷达干涉测量则是根据两幅雷达天线接收到的相同频率的相干雷达波进行干涉处理,它在宏观尺度上应用了干涉测量的原理。

干涉雷达测量利用雷达天线接收到的回波信号携带的相位信息来获取地表的三维地形信息。比较简单的干涉测量方式有以下两种:①单轨双天线模式:飞行平台搭载两副天线同时对同一地区观测。②单天线重复轨道模式:飞行平台搭载一幅天线通过重复飞行对同一地区观测。这两种模式都可以获得具有一定视角差和相关性的单视复数图像对。观测到的地物目标和两副天线之间存在图 2-7 所示的几何关系。由图 2-7 可知,由于同一目标点 P 到天线 A_1 和 A_2 存在路径差,因此对应的两个回波信号之间具有一定的相位差,因此干涉处理后所得干涉图中包含有斜距方向上图像点与两次观测路线之间的相位差信息,如果再结合干涉系统的相关参数就可以获得地面三维信息。

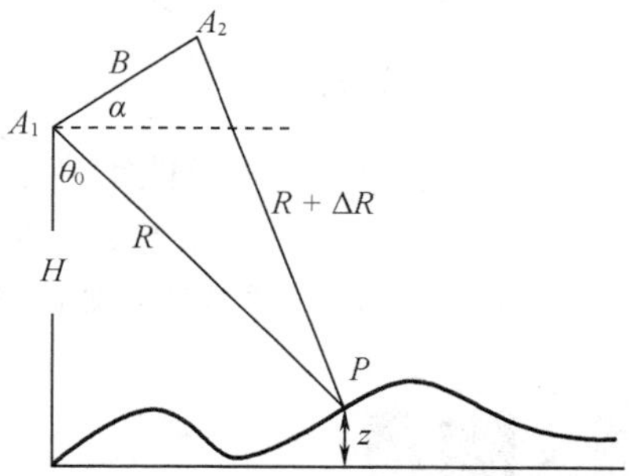

图 2-7 SAR 干涉测量几何关系图

由于本书所用数据是 ALOS PALSAR 全极化数据,该数据是以星载重复轨道干涉测量模式获取的,因此本书重点介绍星载重复轨道干涉测量的原理。图 2-7 揭示了理想状态下两条近似平行雷达轨迹与地面目标的相对几何关系。图中 A_1 和 A_2 为天线;B 为基线;H 为高度;α 为基线与水平方向的夹角;R 为天线 A_1 到目标点 P 的距离;$R+\Delta R$ 表示天线 A_2 到目标点 P 的距离;z 表示目标点高程;θ_0 表示天线 A_1 的参考视角;天线 A_1 和 A_2 接收到的信号 s_1 和 s_2 分别为

$$\begin{cases} s_1(R) = u_1(R)\exp(\mathrm{i}\varphi(R)) \\ s_2(R+\Delta R) = u_2(R+\Delta R)\exp(\mathrm{i}\varphi(R+\Delta R)) \end{cases} \tag{2-32}$$

雷达天线接收到的信号相位包括两部分:①由不同的散射特性导致的随机相位;②由往返路径确定的相位。这两部分相位表示为

$$\begin{cases}\varphi_1 = 2 \times \dfrac{2\pi}{\lambda}R + \arg\{u_1\} \\ \varphi_2 = 2 \times \dfrac{2\pi}{\lambda}(R + \Delta R) + \arg\{u_2\}\end{cases} \tag{2-33}$$

其中,系数 2 表示收发双程,$\arg\{u_1\}$ 和 $\arg\{u_2\}$ 表示不同散射性造成的随机相位。

由于两次观测时信号的入射视角具有微小的差异,获得的两幅影像不会完全重合,所以两幅雷达影像需要进行亚像素级配准,然后再进行共轭相乘获得干涉图:

$$s_1(R)s_2^*(R+\Delta R) = |s_1 s_2^*|\exp[\mathrm{i}(\varphi_1 - \varphi_2)] = |s_1 s_2^*|\exp\left(-\mathrm{i}\frac{4\pi}{\lambda}\Delta R\right) \tag{2-34}$$

其中,尽管在单幅雷达影像中相位是随机的,但如果假设两幅雷达图像的随机相位的贡献相同则干涉图的相位是确定的,并且只取决于信号的路径差 ΔR,即

$$\varphi = -\frac{4\pi}{\lambda}\Delta R + 2\pi N, \quad N = -2, -1, 0, \cdots \tag{2-35}$$

由于观测相位的缠绕,实际的干涉处理中只能得到干涉相位的主值,其取值范围为$(-\pi,\pi]$,在这个干涉相位主值的基础上加上 2π 的整数倍或者减去 2π 的整数倍就可以得到真实相位差,该过程称为相位解缠,如图 2-8 所示。

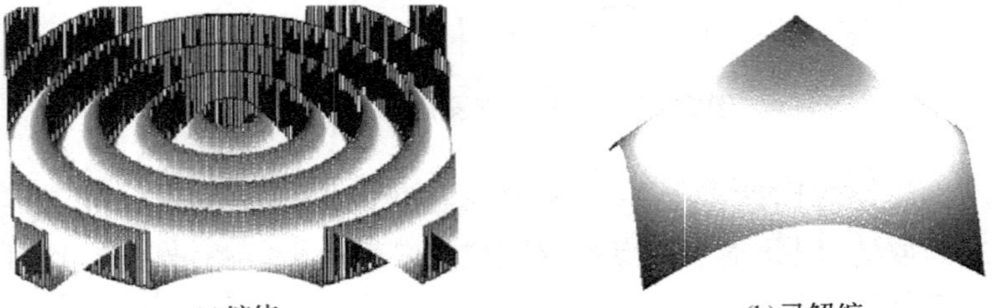

(a)缠绕　　(b)已解缠

图 2-8　相位解缠前后图像

由图 2-7 所示的几何关系模型可得

$$(R+\Delta R)^2 = R^2 + B^2 - 2RB\cos(90° - \theta_0 + \alpha) \tag{2-36}$$

$$\Delta R + \frac{\Delta R^2}{2R} = \frac{B^2}{2R} + B\sin(\alpha - \theta_0) \tag{2-37}$$

式(2-37)可以做近似处理,因为相对于 $2R$,ΔR^2 和 B^2 很小,若仅考虑 ΔR 的数值则可得

$$\Delta R \approx B\sin(\theta_0 - \alpha) \tag{2-38}$$

如果把基线再进行平行和垂直视线方向上的分解,式(2-38)可以表示为

$$\begin{cases} B_{/\!/} = B\sin(\theta_0 - \alpha) \\ B_{\perp} = B\cos(\theta_0 - \alpha) \end{cases} \tag{2-39}$$

式中 $B_{/\!/}$——平行分量;

$B_{\perp}$——垂直分量。

由式(2-37)和式(2-39)可得

$$\Delta R \approx B_{/\!/} \tag{2-40}$$

那么

$$\varphi = -\frac{4\pi}{\lambda}B_{/\!/} + 2\pi N, \quad N = -2, -1, 0, \cdots \tag{2-41}$$

并且 $z = H - R\cos\,\theta_0$。

由式(2-37)可得

$$R = \frac{\Delta R^2 - B^2}{2B \cdot \sin\,R(\alpha - \theta_0) + 2\Delta R} \tag{2-42}$$

将式(2-42)带入 $z = H - R\cos\,\theta_0$ 可得

$$z = H - R\cos\,\theta_0 = H - \frac{\left(\frac{\lambda\varphi}{4\pi}\right)^2 - B^2}{2B \cdot \sin(\alpha - \theta_0) + \frac{\lambda\varphi}{2\pi}} \cdot \cos\,\theta_0 \tag{2-43}$$

式(2-43)说明地面高程可以通过干涉相位进行反演,这也正是常规干涉测量获取地面高程信息的基本原理。

由式(2-37)、式(2-41)和 $z = H - R\cos\,\theta_0$ 可知,相位 φ 不仅包含了目标点的高程信息还包含了目标点的斜距信息。

干涉相位会随高程和斜距的变化而改变,下面将说明斜距变化和高程变化所引起的干涉相位变化情况。如图2-9(a)所示,点 P 和点 P' 斜距不同,视角略有不同,但具有相同的高程,P' 点的干涉相位主值为

$$\varphi' = -\frac{4\pi}{\lambda}B\sin(\theta_0 + \Delta\theta_R - \alpha) \tag{2-44}$$

在干涉图上这两点的相位差为

$$\begin{aligned} \Delta\varphi_R &= \varphi' - \varphi = -\frac{4\pi}{\lambda}[B\sin(\theta_0 + \Delta\theta_R - \alpha) - B\sin(\theta_0 - \alpha)] \\ &\approx -\frac{4\pi}{\lambda}\cos(\theta_0 - \alpha)\Delta\theta_R \end{aligned} \tag{2-45}$$

由于 $\Delta\theta_R$ 较小,故

$$R\Delta\theta_R \approx R\sin\,\Delta\theta_R = \frac{\Delta R}{\tan\,\theta_0} \tag{2-46}$$

式(2-43)可表示为

$$\Delta\varphi_R = -\frac{4\pi}{\lambda}\frac{B\cos(\theta_0-\alpha)\Delta R}{R\tan\theta_0} = -\frac{4\pi B_\perp \Delta R}{\lambda R\tan\theta_0} \tag{2-47}$$

因此可以看出,即使是高程无变化的平坦地区也会产生干涉相位。这种现象称为平地效应,该效应会影响相位解缠。由于它会导致干涉条纹过密,因此在相位解缠之前为了降低解缠难度,需要去除平地效应。

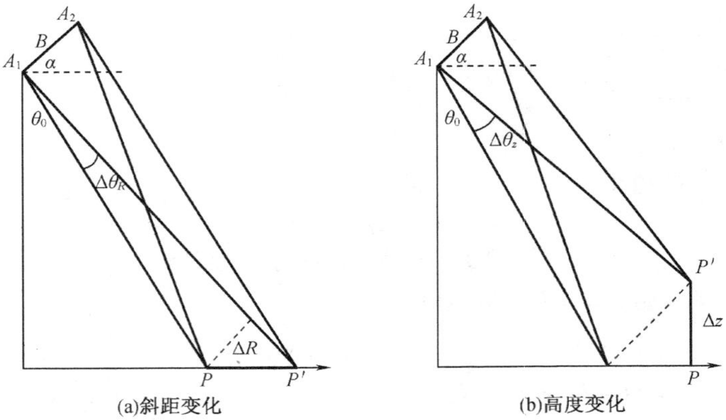

图2-9 干涉相位随斜距变化和高度变化几何示意图

由图2-9(b)可知,地面目标 P 点和 P' 点视角存在 $\Delta\theta_z$ 的变化,高差存在 Δz 的变化,但具有相同的斜距,此时 P' 点的干涉相位为

$$\varphi' = -\frac{4\pi}{\lambda}B\sin(\theta_0+\Delta\theta_z-\alpha) \tag{2-48}$$

在干涉图上两点的相位差为

$$\begin{aligned}\Delta\varphi_z &= \varphi'-\varphi = -\frac{4\pi}{\lambda}[B\sin(\theta_0+\Delta\theta_z-\alpha)-B\sin(\theta_0-\alpha)]\\ &= -\frac{4\pi}{\lambda}B\cos(\theta_0-\alpha)\Delta\theta_z\end{aligned} \tag{2-49}$$

由于 $\Delta\theta_z$ 较小,故

$$R\Delta\theta_z \approx R\sin\Delta\theta_z = \frac{\Delta z}{\sin\theta_0} \tag{2-50}$$

式(2-49)可表示为

$$\Delta\varphi_z = -\frac{4\pi}{\lambda}\frac{B\cos(\theta_0-\alpha)\Delta z}{R\sin\theta_0} = -\frac{4\pi B_\perp \Delta z}{\lambda R\sin\theta_0} \tag{2-51}$$

将干涉相位的高度灵敏度定义为

$$\frac{\Delta\varphi_z}{\Delta z} = -\frac{4\pi}{\lambda}\frac{B_{\perp}}{R\sin\theta_0} \tag{2-52}$$

将式(2－52)转换后可得高度模糊数：

$$\Delta z_{2\pi} = -\frac{\lambda}{2}\frac{R\sin\theta_0}{B_{\perp}} \tag{2-53}$$

干涉测量对高度变化敏感程度可以用式(2－53)表示，它代表一个 2π 相位对应的高度变化。

2.5　极化干涉测量理论

由于传统的雷达干涉测量采用的是固定的天线极化收发方式，目标的散射机理不能通过回波信号完整反映出来。在这种情况下，干涉测量无法为目标散射模型提供足够的独立参数信息进行散射过程的描述，因此在目标参数的反演问题方面得到的反演结果具有不确定性。由于体散射的影响在植被覆盖地区干涉测量获取的高度与真实高度之间存在一定的偏差，此时只是一种平均意义上的高度。

极化雷达干涉测量作为一种新技术，它将电磁波的极化与雷达的干涉测量完美地结合起来，该测量模式对空间分布、高度和目标散射特性均具有较高的敏感性。地物目标的垂直结构、对称性、方向和物质构成等方面的信息可以根据极化雷达提供的相干和相位信息进行恢复，从而获得林分高度与地表高度等信息。另外，相位的噪声程度也能通过相干性反映出来，并且相干性受电磁波极化状态的影响也比较明显；相干达到最大值的最优极化通道也可以通过极化信息找到，这对提高传统干涉雷达的性能较有帮助。

雷达干涉测量模式、极化雷达测量模式和极化雷达干涉测量模式的工作方式及数据形式如图 2－10 所示。

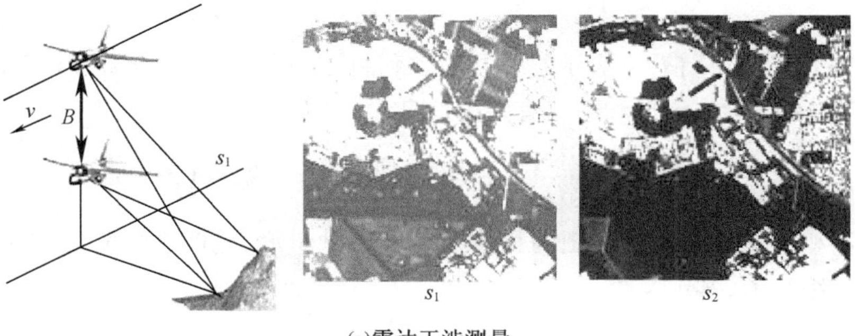

(a)雷达干涉测量

图 2－10　雷达工作方式和数据形式

(b)极化雷达测量

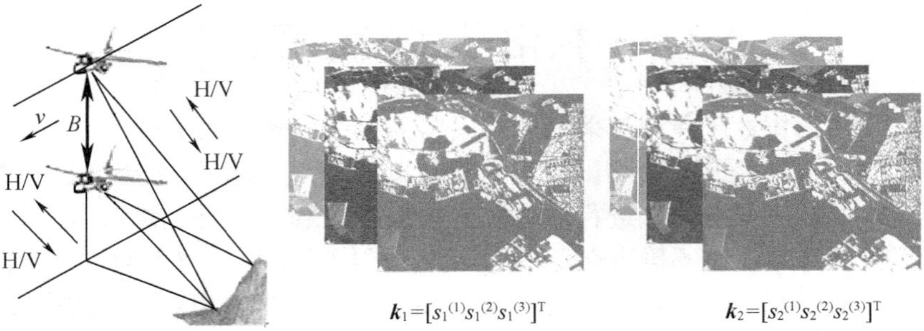

(c)极化雷达干涉测量

图 2-10(续)

2.5.1 标量干涉测量

干涉图可以从两幅天线以相同频率获得的复数标量信号 s_1 和 s_2 的埃尔米特(Hermitian)积的平均得到,其中 2×2 的 Hermitian 半正定的相关矩阵$[\boldsymbol{J}]$具有重要意义。

$$[\boldsymbol{J}]=\left\langle\begin{bmatrix}s_1\\s_2\end{bmatrix}\begin{bmatrix}s_1^* & s_2^*\end{bmatrix}\right\rangle=\begin{pmatrix}\langle s_1s_1^*\rangle & \langle s_1s_2^*\rangle\\ \langle s_2s_1^*\rangle & \langle s_2s_2^*\rangle\end{pmatrix}\tag{2-54}$$

其中,$\langle\cdots\rangle$表示期望值,$*$表示复数共轭。利用$[\boldsymbol{J}]$可得相位 $\varphi=\arg(s_1s_2^*)$ 的计算公式,相位 φ 包含与地形和距离有关的信息。

$$\varphi=\arctan\left(\frac{\operatorname{lm}\{s_1s_2^*\}}{\operatorname{Re}\{s_1s_2^*\}}\right)+2\pi N,\quad N=-2,-1,0,\cdots\tag{2-55}$$

干涉相干系数 γ 是干涉图的相位噪声的一种量度,是两个信号间归一化的复互相关的绝对值,其定义为

$$\gamma_{\text{Int}}=\frac{|\langle s_1s_2^*\rangle|}{\sqrt{\langle s_1s_1^*\rangle\langle s_2s_2^*\rangle}},\quad 0\leqslant\gamma_{\text{Int}}\leqslant1\tag{2-56}$$

在雷达的相干处理和相位保留没有问题的前提下，可以认为相干系数 γ 是由 γ_{SNR} 分量、$\gamma_{\mathrm{Baseline}}$ 分量和 $\gamma_{\mathrm{Temporal}}$ 分量组成的，即

$$\gamma_{\mathrm{Int}} = \gamma_{\mathrm{SNR}} \cdot \gamma_{\mathrm{Baseline}} \cdot \gamma_{\mathrm{Temporal}} \tag{2-57}$$

假定两幅雷达图像的信噪比相同，则 γ_{SNR} 可由式(2-58)计算：

$$\gamma_{\mathrm{SNR}} = \frac{1}{1 + SNR^{-1}} \tag{2-58}$$

其中，γ_{SNR} 对弱后向散射的区域影响明显；$\gamma_{\mathrm{Baseline}}$ 是由两幅天线的位置差异引起的基线去相关，在纯表面散射的情况下，可通过对距离谱的带通滤波来消除基线去相关，但是在分辨单元内由散射中心高度差引起的谱去相关（体散射去相关）则无法通过谱滤波来消除，但该弊端可以通过极化干涉来克服；$\gamma_{\mathrm{Temproal}}$ 是时间去相关，即两幅图像采集的时间间隔内散射体的几何或散射特性的变化引起的去相关。

2.5.2 矢量干涉测量

通过将相干散射矢量 $\underline{\boldsymbol{k}}$ 等同于全极化雷达系统测量的复散射矩阵 $[\boldsymbol{s}]$ 的矢量化可以方便地对相干性和干涉相位进行表达：

$$\underline{\boldsymbol{k}} = \frac{1}{2}Trace([\boldsymbol{s}]\psi_{\mathrm{p}}) = \frac{1}{2}[\boldsymbol{s}_{\mathrm{HH}} + \boldsymbol{s}_{\mathrm{VV}}, \boldsymbol{s}_{\mathrm{VV}} - \boldsymbol{s}_{\mathrm{HH}}, \boldsymbol{s}_{\mathrm{HV}} + \boldsymbol{s}_{\mathrm{VH}}, i(\boldsymbol{s}_{\mathrm{HV}} - \boldsymbol{s}_{\mathrm{VH}})]^{\mathrm{T}} \tag{2-59}$$

式中 $\boldsymbol{s}_{ij}(i,j=\mathrm{H},\mathrm{V})$——$i$ 极化基 j 极化发射；

i——极化接收的复散射系数；

ψ_{p}——2×2 的泡利(Pauli)矩阵基正交复矩阵有

$$\psi_{\mathrm{p}} = \left\{\sqrt{2}\begin{bmatrix}1 & 0\\ 0 & 1\end{bmatrix} \quad \sqrt{2}\begin{bmatrix}1 & 0\\ 0 & -1\end{bmatrix} \quad \sqrt{2}\begin{bmatrix}0 & 1\\ 1 & 0\end{bmatrix} \quad \begin{bmatrix}0 & -i\\ i & 0\end{bmatrix}\right. \tag{2-60}$$

散射矩阵 $[\boldsymbol{s}]$ 矢量化时可以选择 *Pauli* 矩阵基，因为该基下产生的散射矢量的元素与地物目标的散射机制有很好的对应关系。对于互易介质($\boldsymbol{s}_{\mathrm{HV}} = \boldsymbol{s}_{\mathrm{VH}}$)，四维的散射矢量可简化为三维矢量：

$$\underline{\boldsymbol{k}} = \frac{1}{\sqrt{2}}[\boldsymbol{s}_{\mathrm{HH}} + \boldsymbol{s}_{\mathrm{VV}}, \boldsymbol{s}_{\mathrm{VV}} - \boldsymbol{s}_{\mathrm{HH}}, 2\boldsymbol{s}_{\mathrm{HV}}]^{\mathrm{T}} \tag{2-61}$$

Hermitian 半正定矩阵 $[\boldsymbol{T}_6]$ 可以利用散射矢量 $\underline{\boldsymbol{k}}_1$ 和 $\underline{\boldsymbol{k}}_2$ 的外积定义，即

$$[\boldsymbol{T}_6] = \left\langle \begin{bmatrix}\underline{\boldsymbol{k}}_1\\ \underline{\boldsymbol{k}}_2\end{bmatrix}[\underline{\boldsymbol{k}}_1^{*\mathrm{T}} \quad \underline{\boldsymbol{k}}_2^{*\mathrm{T}}] \right\rangle = \begin{bmatrix}[\boldsymbol{T}_{11}] & [\boldsymbol{\Omega}_{12}]\\ [\boldsymbol{\Omega}_{12}]^{*\mathrm{T}} & [\boldsymbol{T}_{22}]\end{bmatrix} \tag{2-62}$$

其中，$[\boldsymbol{T}_{11}]$、$[\boldsymbol{T}_{22}]$、$[\boldsymbol{\Omega}_{12}]$ 是 3×3 矩阵，其定义为

$$[\boldsymbol{T}_{11}] = \langle \underline{\boldsymbol{k}}_1\underline{\boldsymbol{k}}_1^{*\mathrm{T}} \rangle, [\boldsymbol{T}_{22}] = \langle \underline{\boldsymbol{k}}_2\underline{\boldsymbol{k}}_2^{*\mathrm{T}} \rangle, [\boldsymbol{\Omega}_{12}] = \langle \underline{\boldsymbol{k}}_1\underline{\boldsymbol{k}}_2^{*\mathrm{T}} \rangle \tag{2-63}$$

$[\boldsymbol{T}_{11}]$和$[\boldsymbol{T}_{22}]$包含了每幅图像的全极化信息，是标准的 Hermitian 相干矩阵。$[\boldsymbol{\Omega}_{12}]$包含了两幅图像不同的极化通道间的干涉相位关系和极化信息，是一个新的 3×3 矩阵。需要注意的是：散射矢量 $\underline{\boldsymbol{k}}_1$ 和散射矢量 $\underline{\boldsymbol{k}}_2$ 的相位差是由时间变化等因素引起的。通常 $\underline{\boldsymbol{k}}_1 \neq \underline{\boldsymbol{k}}_2$，从而 $\langle \underline{\boldsymbol{k}}_1 \underline{\boldsymbol{k}}_2^{*\mathrm{T}} \rangle \neq \langle \underline{\boldsymbol{k}}_2 \underline{\boldsymbol{k}}_1^{*\mathrm{T}} \rangle$。

通过引入散射机制的概念，我们可以将标量干涉扩充到矢量干涉。下面将进行简单的论述。对于任意一个对称散射矩阵，简写为

$$[\boldsymbol{s}] = \begin{bmatrix} a & b \\ b & c \end{bmatrix} \tag{2-64}$$

相应的 Pauli 矩阵基的简化的散射矢量 $\underline{\boldsymbol{k}}$ 可写为

$$\underline{\boldsymbol{k}} = \frac{1}{\sqrt{2}}[a+c \quad a-c \quad 2b]^{\mathrm{T}} = |\underline{\boldsymbol{k}}|\underline{\boldsymbol{\omega}} \tag{2-65}$$

其中，$\underline{\boldsymbol{\omega}}$ 为归一化复矢量，表示散射机制，其一般形式为

$$\underline{\boldsymbol{\omega}} = \begin{bmatrix} \cos a\exp(\mathrm{i}\varphi) \\ \sin a\cos\beta\exp(\mathrm{i}\delta) \\ \sin a\sin\beta\exp(\mathrm{i}\gamma) \end{bmatrix} \tag{2-66}$$

遵守互易性的散射机制对应的复矢量 $\underline{\boldsymbol{\omega}}$ 可以通过下面的一系列矩阵变换简化为$[1 \quad 0 \quad 0]^{\mathrm{T}}$。

$$\begin{bmatrix} 1 \\ 0 \\ 0 \end{bmatrix} = \begin{bmatrix} \cos\alpha & \sin\alpha & 0 \\ -\sin\alpha & \cos\alpha & 0 \\ 0 & 0 & 1 \end{bmatrix} \begin{bmatrix} 1 & 0 & 0 \\ 0 & \cos\beta & \sin\beta \\ 0 & -\sin\beta & \cos\beta \end{bmatrix} \cdot \begin{bmatrix} \exp(-\mathrm{i}\varphi) & 0 & 0 \\ 0 & \exp(-\mathrm{i}\delta) & 0 \\ 0 & 0 & \exp(-\mathrm{i}\gamma) \end{bmatrix} \underline{\boldsymbol{\omega}} \tag{2-67}$$

从数学角度看，在式(2-67)中第一个矩阵与第二个矩阵是平面旋转的一种规范表示；α 表示散射体的内部自由度，取值范围为 0°~90°，等于 0°时代表各向同性面散射机制；等于 45°时表示偶极子散射机制，这时有一个同极化散射系数将为 0；等于 90°时表示螺旋反射或二面角散射机制；当 α 取中间值时，则对应各向异性散射机制，|HH|与|VV|不再相等；β 表示散射体相对于雷达视线的方向的物理旋转；第三个矩阵表示一组散射相位角。

对于全极化干涉，根据上面引入的散射机制概念，如果归一化复矢量 $\underline{\boldsymbol{\omega}}_1$ 和 $\underline{\boldsymbol{\omega}}_2$ 对应两种特定的散射机制，则标量函数 $\underline{\mu}_1$ 和 $\underline{\mu}_2$ 作为散射矢量 $\underline{\boldsymbol{k}}_1$ 和 $\underline{\boldsymbol{k}}_2$ 在归一化复矢量 $\underline{\boldsymbol{\omega}}_1$ 和 $\underline{\boldsymbol{\omega}}_2$ 上的投影分别与特定散射机制的分量相对应，$\underline{\mu}_1 = \underline{\boldsymbol{\omega}}_1^{*\mathrm{T}}\underline{\boldsymbol{k}}_1$，$\underline{\mu}_2 = \underline{\boldsymbol{\omega}}_2^{*\mathrm{T}}\underline{\boldsymbol{k}}_2$；标量函数 $\underline{\mu}_1$ 和 $\underline{\mu}_2$ 是矢量干涉图产生的基础。此时相干矩阵$[\boldsymbol{J}]$可以改

写为

$$[\boldsymbol{J}]=\left\langle\begin{bmatrix}\mu_1\\ \mu_2\end{bmatrix}[\mu_1^* \quad \mu_2^*]\right\rangle=\begin{bmatrix}\underline{\boldsymbol{\omega}}_1^{*\mathrm{T}}[\boldsymbol{T}_{11}]\underline{\boldsymbol{\omega}}_1 & \underline{\boldsymbol{\omega}}_1^{*\mathrm{T}}[\boldsymbol{\Omega}_{12}]\underline{\boldsymbol{\omega}}_2\\ \underline{\boldsymbol{\omega}}_2^{*t}[\boldsymbol{\Omega}_{12}]^{*\mathrm{T}}\underline{\boldsymbol{\omega}}_1 & \underline{\boldsymbol{\omega}}_2^{*t}[T_{22}]^{*\mathrm{T}}\underline{\boldsymbol{\omega}}_2\end{bmatrix} \tag{2-68}$$

干涉图的产生可定义为

$$\mu_1\mu_2^*=(\underline{\boldsymbol{\omega}}_1^{*\mathrm{T}}\underline{\boldsymbol{k}}_1)(\underline{\boldsymbol{\omega}}_2^{*\mathrm{T}}\underline{\boldsymbol{k}}_2)^{*\mathrm{T}}=\underline{\boldsymbol{\omega}}_1^{*\mathrm{T}}[\boldsymbol{\Omega}_{12}]\underline{\boldsymbol{\omega}}_2 \tag{2-69}$$

由此可得干涉相位的表达式

$$\varphi_i=\arg(\underline{\boldsymbol{\omega}}_1^{*\mathrm{T}}\underline{\boldsymbol{k}}_1\underline{\boldsymbol{k}}_2^{*\mathrm{T}}\underline{\boldsymbol{\omega}}_2)=\arg(\underline{\boldsymbol{\omega}}_1^{*\mathrm{T}}[\boldsymbol{\Omega}_{12}]\underline{\boldsymbol{\omega}}_2) \tag{2-70}$$

相干系数的矢量表示为

$$\boldsymbol{\gamma}=\frac{|\langle\underline{\boldsymbol{\omega}}_1^{*\mathrm{T}}[\boldsymbol{\Omega}_{12}]\underline{\boldsymbol{\omega}}_2\rangle|}{\sqrt{\langle\underline{\boldsymbol{\omega}}_1^{*\mathrm{T}}[\boldsymbol{T}_{11}]\underline{\boldsymbol{\omega}}_1\rangle\langle\underline{\boldsymbol{\omega}}_2^{*\mathrm{T}}[\boldsymbol{T}_{22}]\underline{\boldsymbol{\omega}}_2\rangle}} \tag{2-71}$$

如果 $\underline{\boldsymbol{\omega}}_1\neq\underline{\boldsymbol{\omega}}_2$，则相干系数的计算要考虑极化的作用，有

$$\boldsymbol{\gamma}=\boldsymbol{\gamma}_{\mathrm{Int}}\cdot\boldsymbol{\gamma}_{\mathrm{pol}} \tag{2-72}$$

如果从两幅图像提取的是对应的相同散射机制的分量，即 $\underline{\boldsymbol{\omega}}_1=\underline{\boldsymbol{\omega}}_2$，则 $\boldsymbol{\gamma}=\boldsymbol{\gamma}_{\mathrm{Int}}$。

2.5.3 干涉相干最优分解

相关系数的最优化算法是指在极化状态空间中寻找能够使干涉相关系数达最大的极化状态组合，利用拉格朗日乘数法可以解决这个问题。

由相干系数可得复拉格朗日函数 L，即

$$L=\boldsymbol{\omega}_1^{*\mathrm{T}}[\boldsymbol{\Omega}_{12}]\boldsymbol{\omega}_2+\lambda_1(\boldsymbol{\omega}_1^{*\mathrm{T}}[\boldsymbol{T}_{11}]\boldsymbol{\omega}_1-C_1)+\lambda_2(\boldsymbol{\omega}_2^{*\mathrm{T}}[T_{22}]\boldsymbol{\omega}_2-C_2) \tag{2-73}$$

式中 C_1、C_2——常数；

λ_1、λ_2——拉格朗日乘子。

令偏导数等于0即可求解 L 函数的最大值问题，并保证在保持式(2-71)分母不变的同时使其分子达到最大：

$$\frac{\partial L}{\partial\boldsymbol{\omega}_1^{*\mathrm{T}}}=[\boldsymbol{\Omega}_{12}]\boldsymbol{\omega}_2+\lambda_1[\boldsymbol{T}_{11}]\boldsymbol{\omega}_1=0 \tag{2-74}$$

$$\frac{\partial L}{\partial\boldsymbol{\omega}_2^{*\mathrm{T}}}=[\boldsymbol{\Omega}_{12}]_2^{*\mathrm{T}}\boldsymbol{\omega}_1+\lambda_2^*[\boldsymbol{T}_{22}]\boldsymbol{\omega}_2=0 \tag{2-75}$$

分别消去式(2-74)和式(2-75)中的 $\boldsymbol{\omega}_1$ 和 $\boldsymbol{\omega}_2$，并令 $v=\lambda_2\lambda_2^*$，得

$$[\boldsymbol{T}_{22}]^{-1}[\boldsymbol{\Omega}_{12}]^{*\mathrm{T}}[\boldsymbol{T}_{11}]^{-1}[\boldsymbol{\Omega}_{12}]\boldsymbol{\omega}_2=v\boldsymbol{\omega}_2 \tag{2-76}$$

$$[\boldsymbol{T}_{11}]^{-1}[\boldsymbol{\Omega}_{12}][\boldsymbol{T}_{22}]^{-1}[\boldsymbol{\Omega}_{12}]^{*\mathrm{T}}\boldsymbol{\omega}_1=v\boldsymbol{\omega}_1 \tag{2-77}$$

这样，上面的极值问题就归结为两个 3×3 矩阵的复特征值问题：式(2-76)和

式(2－77)中的两个矩阵都不是 Hermitian 的,但它们都有非负的实特征值。最大相关系数值等于最大特征值的平方根,即 $\gamma_{\max}=\sqrt{v_{\max}}$,由最大特征值 $v_{\max}$ 可得到式(2－76)和式(2－77)相应的最佳特征矢量 $\boldsymbol{\omega}_{1\text{opt}}$ 和 $\boldsymbol{\omega}_{2\text{opt}}$,即最佳散射机理。将散射矢量 $\boldsymbol{k}_1$ 和 $\boldsymbol{k}_2$ 投影到 $\boldsymbol{\omega}_{1\text{opt}}$ 和 $\boldsymbol{\omega}_{2\text{opt}}$ 上,即可得到两幅最优化的标量复图像角 $\mu_{1\text{opt}}$ 和 $\mu_{2\text{opt}}$。在两者之间形成干涉图,即可得到最大相关系数的干涉图:

$$\mu_{1\text{opt}}\mu_{2\text{opt}}^{*}=(\boldsymbol{\omega}_{1\text{opt}}^{*\text{T}}\boldsymbol{k}_1)(\boldsymbol{\omega}_{2\text{opt}}^{*\text{T}}\boldsymbol{k}_2)^{*\text{T}}=\boldsymbol{\omega}_{1\text{opt}}^{*\text{T}}[\boldsymbol{\Omega}_{12}]\boldsymbol{\omega}_{2\text{opt}}^{*\text{T}} \tag{2-78}$$

为了确保由以上关系唯一确定 $\boldsymbol{\omega}_{1\text{opt}}$ 和 $\boldsymbol{\omega}_{2\text{opt}}$ 之间的相位差,需要增加一个可行的限制条件:$\arg\{\boldsymbol{\omega}_{1\text{opt}}^{*\text{T}}\boldsymbol{\omega}_{2\text{opt}}\}=0$,当 $\boldsymbol{\omega}_{1\text{opt}}=\boldsymbol{\omega}_{2\text{opt}}$ 时,自动满足上式的条件。

2.6 极化雷达干涉数据处理步骤

1. 选取合适的干涉图像对

为了保证经极化干涉雷达数据处理后得到的产品的精度与质量,极化雷达干涉处理时应选取合适的干涉图像对,并且所选择的雷达图像对必须是相干的。如果获取的是原始雷达信号,在进行干涉处理前还需要进行距离向和方位向的预处理,生成单视极化复数据;如果想让雷达图像上的每一个像素代表近似正方形的地面区域,还可以进一步生成多视数据再进行干涉处理。选择图像对时还需要考虑临界基线距的限制,因为超过临界基线后两幅图像间就不存在相干性了。如果雷达图像数据用于植被参数和地形高度反演还需要考虑时间去相干对数据的影响。

2. 进行主、辅图像配准

只有两幅雷达图像上相同的像素对应地面上的同一目标时才能从干涉图像对中获取干涉信息。由于两幅雷达图像的相干像元间存在一定的偏差,为了获得较高的相干值还需要对雷达图像进行配准,若主、辅两景影像间的配准误差达到一个像素以上,则两图像完全不相关。通常需要将匹配误差限制在 0.1 个像素左右。对于重复轨道干涉测量模式,还需要进行频谱滤波来压缩不相干的部分,由于两幅雷达图像的视角存在一定的差异,散射体相对视角有所变化,形成几何去相干。干涉图像可以通过两幅配准后的影像复共轭相乘得到。

3. 滤波降噪处理

干涉数据需要进行滤波降噪处理,因为干涉图由于斑点噪声的影响不利于人工解译等后续处理。滤波降噪处理既可以在复图像对上进行也可以在干涉纹图上进行。对于极化干涉数据,若是用于植被参数反演(如树高),则需要对极化干涉数据进行滤波,并要确保极化特性不损失,根据滤波后的极化干涉数据结合相应的模型就可以反演树高等植被参数;如果是用于地形反演则要进行极化相干最优通道优选，然后结合最优极化通道获取高质量的干涉相位。

4. 平地效应去除

干涉成像时平坦地面也会产生干涉条纹，这种由高度不变的平地引起干涉相位在距离向和方位向呈现周期性变化的现象称为平地效应。平地效应在一定程度上掩盖了地形变化引起的干涉条纹变化，此时干涉相位图不能直观体现地形的变化，增加了解缠的难度。平地效应对应的分量可以根据系统模型计算出来并去除掉。

5. 相位解缠处理

由于观测相位的缠绕，实际的干涉处理中只能得到干涉相位的主值，其取值范围为$(-\pi,\pi]$，通过在这个干涉相位主值的基础上加上2π的整数倍或者减去2π的整数倍就可以得到真实相位差，该过程称为相位解缠。通过对缠绕相位进行展开，并尽可能地消除相位跳变，就可以获取与实际地形对应的较为连续的相位面，相位解缠处理对地形高程反演非常重要，对最终数据产品的质量具有明显影响。将解缠相位转换为地面高程值，就可以获取地形的高度；利用雷达的工作参数及地面高程h与解缠相位φ之间的关系就可以得到地面高程值，即

$$h=\left(r^2+a^2-2ra\cos\left[\theta-\arccos\left(\frac{B^2-2r\Delta r-(\Delta r)^2}{2rB}\right)\right]\right) \tag{2-79}$$

式中 r——参考斜距；

θ——基线与参考斜距的夹角；

Δr——斜距差；

a——雷达距地心的高度，与φ成正比。

6. 地理编码

进行地理编码的目的是将斜距坐标转化为地距坐标，以得到最终的高程模型。要想把经过编码后的图像与其他图件配准，还需要把斜地变换后得到的高程模型投影到和其他图件相同的参考坐标系中。

2.7 本章小结

本章首先介绍了研究区概况及塔河地区 PALSAR 全极化数据和小班数据的收集情况；结合相关矩阵和极化雷达图像数据理论对塔河地区 PALSAR 全极化数据进行了分析；然后在干涉测量模式和干涉测量模型基础上分析了雷达成像原理；最后介绍了极化雷达干涉测量相关理论，并总结了极化雷达干涉测量数据处理的一般步骤。

第 3 章　极化雷达图像分解

传统的合成孔径雷达系统收发极化波都采用同一种极化方式，因此仅能测量某一种极化组合下目标的散射特性，并且只测量回波的幅度，极化回波中包含的相位信息丢失。多极化与全极化图像以辛克莱(Sinclair)散射矩阵的形式记录了地物在 HH、HV、VH 和 VV 四种极化状态的散射回波，包括诸如相对相位、幅度、极化等更多的目标散射信息，通过极化合成方法可以获得任意发射和接收极化组合下的目标散射特性，提高了识别目标的准确度。通过对极化信息的分析和解译可以增强对地物特征的认识和分析能力。极化目标分解就是把极化测量数据(如散射矩阵、相干矩阵、协方差矩阵等)分解成各种不同的成分，这些成分可用于表征目标的散射或几何结构信息。极化目标分解技术有助于利用极化散射矩阵揭示地物目标的散射机理，为更好地解译和分类极化雷达数据提供了特征参数，利用目标分解得到的参数可构造一大类特征。极化目标分解在极化雷达遥感图像信息提取中扮演模式识别中特征提取的角色。

截至目前，极化目标分解可以概括为两大类：一类是针对 Sinclair 散射矩阵的分解(如 Pauli 分解、Krogager 分解和 Cameron 分解)，它要求目标的散射特性是确定的，散射回波是相干的，故称为相干目标分解；另一类是针对相干矩阵、协方差矩阵和穆勒(Mueller)矩阵的分解，此时目标散射可以是时变的，回波是部分相干的，故称为部分相干目标分解。

本章接下来将进一步研究不同分解方法下 ALOS PALSAR 全极化数据的分解特性，并选择合适的分解，为下一步 PALSAR 全极化数据的分类提供特征参数。

3.1　Pauli 分解

Pauli 分解是将全极化 SAR 图像的每个像素对应的 Sinclair 散射矩阵分解为四种成分之和，而且每种成分都代表了一定的物理意义。在水平垂直极化基下，Pauli 基$\{[\boldsymbol{s}]_a,[\boldsymbol{s}]_b,[\boldsymbol{s}]_c,[\boldsymbol{s}]_d\}$可以用下面 2×2 的矩阵表示，即

$$[\boldsymbol{s}]_a=\frac{1}{\sqrt{2}}\begin{bmatrix}1 & 0\\0 & 1\end{bmatrix},[\boldsymbol{s}]_b=\frac{1}{\sqrt{2}}\begin{bmatrix}1 & 0\\0 & -1\end{bmatrix},[\boldsymbol{s}]_c=\frac{1}{\sqrt{2}}\begin{bmatrix}0 & 1\\1 & 0\end{bmatrix},[\boldsymbol{s}]_d=\frac{1}{\sqrt{2}}\begin{bmatrix}0 & -i\\i & 0\end{bmatrix}\tag{3-1}$$

在后向散射满足互易性的条件下，$\boldsymbol{s}_{HV}=\boldsymbol{s}_{VH}$，此时 Pauli 基可以减少为

$\{[s]_a, [s]_b, [s]_d\}$，相应的散射矩阵$[s]$可以表示为

$$[s] = \begin{bmatrix} s_{HH} & s_{HV} \\ s_{VH} & s_{VV} \end{bmatrix} = \alpha[s]_a + \beta[s]_b + \gamma[s]_c \tag{3-2}$$

其中，$\alpha = \frac{s_{HH} + s_{VV}}{\sqrt{2}}$，$\beta = \frac{s_{HH} - s_{VV}}{\sqrt{2}}$，$\gamma = \sqrt{2} s_{HV}$，同时可以得到总的功率，即

$$SPAN = |s_{HH}|^2 + |s_{VV}|^2 + 2|s_{HV}|^2 = |\alpha|^2 + |\beta|^2 + |\gamma|^2 \tag{3-3}$$

Pauli 矩阵分解的四种成分都有非常直接的物理意义，见表 3－1。第一种成分对应于各向同性的奇次散射，主要表示球面、平面、对称角状物这样的结构；第二部分对应于各向同性的偶次散射，主要表示二面角结构；第三部分对应于与水平方向有 45°倾角的各向同性偶次散射，主要表示与水平方向有 45°倾角二面角结构，第四部分表示非对称元素。同时，每个极化基的系数分别表示了每一种成分所占的比例。

表 3－1 Pauli 基物理意义

Pauli 基	散射矩阵	主要特征	典型散射体
$\begin{bmatrix} 1 & 0 \\ 0 & 1 \end{bmatrix}$	奇数次反射	$s_{HH} = s_{VV}$ $s_{HV} = s_{VH} = 0$	球体、平面、三面角反射器
$\begin{bmatrix} 1 & 0 \\ 0 & -1 \end{bmatrix}$	偶数次反射	$s_{HH} = -s_{VV}$ $s_{HV} = s_{VH} = 0$	两面角
$\begin{bmatrix} 0 & 1 \\ 1 & 0 \end{bmatrix}$	偶数次反射，倾角$\frac{\pi}{4}$	—	倾斜$\frac{\pi}{4}$的二面角 （包含植被体散射）
$\begin{bmatrix} 0 & -i \\ i & 0 \end{bmatrix}$	交叉极化物	—	互易情况下，该项不存在

三个元素 $s_{HH} + s_{VV}$、$s_{HH} - s_{VV}$和 $2s_{HV}$，分别表示表 3－1 中的前三大类地物。对于每一个像素的幅度$|s_{HH} + s_{VV}|$、$|s_{HH} - s_{VV}|$、$|2s_{HV}|$，如果分别用红、绿、蓝三种颜色进行表示就可以得到三个颜色通道，将这三个颜色通道混合就可得到分类后的伪彩色图像。

按照以上的分解原理对塔河地区 2007 年 5 月份全极化 PALSAR 图像进行 Pauli 分解后的各通道强度值，如图 3－1 所示。根据三种不同的颜色即可分辨出红色散射体（球体、平面、三面角反射器）、绿色散射体（两面角）和蓝色散射体（倾斜$\frac{\pi}{4}$的二面角）的分布位置。

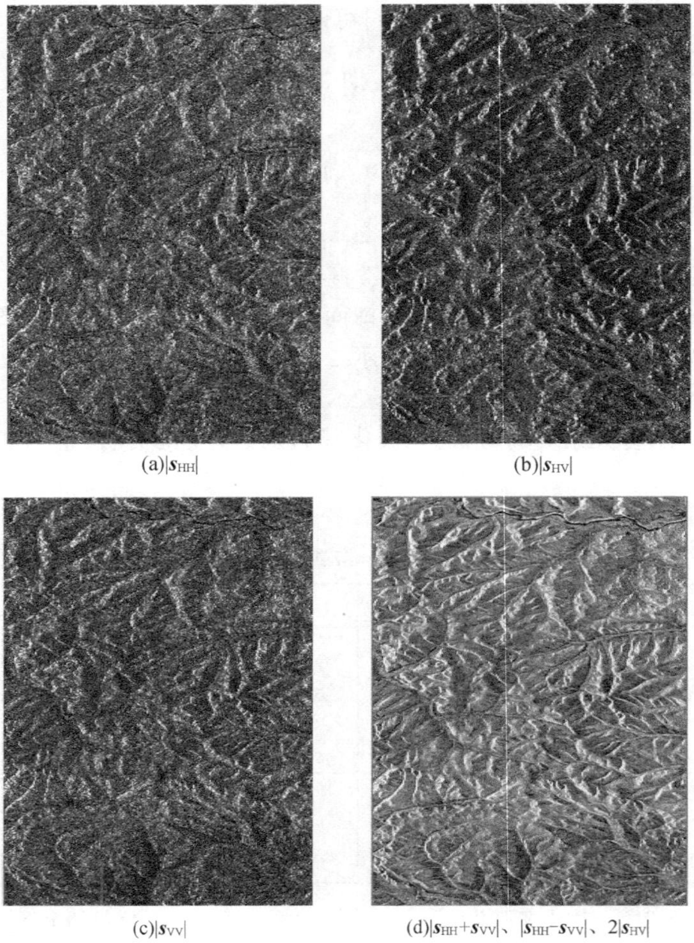

(a)$|s_{HH}|$　(b)$|s_{HV}|$

(c)$|s_{VV}|$　(d)$|s_{HH}+s_{VV}|$、$|s_{HH}-s_{VV}|$、$2|s_{HV}|$

图 3－1　Pauli 分解后各通道强度图和合成各通道后的图像

3.2　Krogager 分解

Krogager 分解又称 SDH 分解，与水平垂直极化基下的 Pauli 分解不同，Krogager 分解是一种在圆极化基下的分解，该分解基于旋转不变性把左右旋圆极化基下的散射系数矩阵分解为三部分：旋转体、二面角散射物和面散射物，分解后得到的散射矩阵与散射机制对应关系见表 3－2。

表 3-2 散射矩阵与散射机制对应关系

SDH	$e^{j\varphi_s}\begin{bmatrix}0 & j\\ j & 0\end{bmatrix}$	$\begin{bmatrix}e^{j2\theta} & 0\\ 0 & -e^{-j2\theta}\end{bmatrix}$	$\begin{bmatrix}e^{j2\theta} & 0\\ 0 & 0\end{bmatrix}$
散射类型	奇数次反射	偶数次反射	旋转体
地物形式	平面、球面和角散射物	两面角和倾斜两面角	植被等复杂散射物

根据表 3-2 定义圆极化基下的 Krogager 分解基,即

$$\boldsymbol{\psi}_k = e^{j\varphi}\left\{e^{j\varphi_s}\begin{bmatrix}0 & j\\ j & 0\end{bmatrix}\begin{bmatrix}e^{j2\theta} & 0\\ 0 & -e^{-j2\theta}\end{bmatrix}\begin{bmatrix}e^{j2\theta} & 0\\ 0 & 0\end{bmatrix}\right\} \tag{3-4}$$

由式(3-4)所示的极化分解基可以看出在 Krogager 分解中各个矩阵并不是两两正交的。因此属于一种散射机制的散射物二面角和$\frac{\pi}{4}$倾斜的二面角在 Pauli 分解中被分解到不同的正交分量中,而在 Krogager 分解中可以在一个分量中体现出来。圆极化基的散射系数矩阵 $\boldsymbol{s}_{rl}$在 Krogager 分解基下的分解为

$$\boldsymbol{s}_{rl} = \begin{bmatrix}\boldsymbol{s}_{rr} & \boldsymbol{s}_{rl}\\ \boldsymbol{s}_{rl} & \boldsymbol{s}_{ll}\end{bmatrix} = e^{j\varphi}\left\{e^{j\varphi_s}k_s\begin{bmatrix}0 & j\\ j & 0\end{bmatrix} + k_d\begin{bmatrix}e^{j2\theta} & 0\\ 0 & -e^{-j2\theta}\end{bmatrix} + k_h\begin{bmatrix}e^{j2\theta} & 0\\ 0 & 0\end{bmatrix}\right\} \tag{3-5}$$

根据极化基的变换,Krogager 分解在水平垂直极化基下可以写成

$$\boldsymbol{s} = \begin{bmatrix}\boldsymbol{s}_{HH} & \boldsymbol{s}_{HV}\\ \boldsymbol{s}_{HV} & \boldsymbol{s}_{VV}\end{bmatrix} = e^{j\varphi}\left\{e^{j\varphi_s}k_s\begin{bmatrix}1 & 0\\ 0 & 1\end{bmatrix} + k_d\begin{bmatrix}\cos 2\theta & \sin 2\theta\\ \sin 2\theta & -\cos 2\theta\end{bmatrix} + k_h\begin{bmatrix}1 & \pm j\\ \pm j & 1\end{bmatrix}\right\} \tag{3-6}$$

将矩阵 $\boldsymbol{s}_{rl}$的各元素写成模和相位的形式,即

$$\boldsymbol{s}_{rl} = \begin{bmatrix}|\boldsymbol{s}_{rr}|e^{j\varphi_{rr}} & |\boldsymbol{s}_{rl}|e^{j\varphi_{rl}}\\ |\boldsymbol{s}_{rl}|e^{j\varphi_{rl}} & -|\boldsymbol{s}_{ll}|e^{j(\varphi_{ll}+\pi)}\end{bmatrix} \tag{3-7}$$

比较式(3-5)与式(3-7)可以得面散射分量。

如果$|\boldsymbol{s}_{rr}| \geqslant |\boldsymbol{s}_{ll}|$,则$|\boldsymbol{s}_{ll}|$表示两面角分量,此时面散射、两面角和旋转体分量为

$$k_s = |\boldsymbol{s}_{rl}|,\quad k_d^+ = |\boldsymbol{s}_{ll}|,\quad k_h^+ = |\boldsymbol{s}_{rr}| - |\boldsymbol{s}_{ll}| \tag{3-8}$$

其中,k_d^+ 表示左旋旋转体分量。

如果$|\boldsymbol{s}_{rr}| < |\boldsymbol{s}_{ll}|$,则两面角和旋转体分量为

$$k_d^- = |\boldsymbol{s}_{rr}|,\quad k_h^- = |\boldsymbol{s}_{ll}| - |\boldsymbol{s}_{rr}| \tag{3-9}$$

其中,k_h^+ 表示右旋旋转体分量。相位分量为

$$\varphi = \frac{1}{2}(\varphi_{rr} + \varphi_{ll} + \pi) \tag{3-10}$$

$$\theta = \frac{1}{4}(\varphi_{rr} - \varphi_{ll} - \pi) \tag{3-11}$$

$$\varphi = \varphi_{\mathrm{rl}} - \frac{1}{2}(\varphi_{\mathrm{rr}} + \varphi_{\mathrm{ll}} + \pi) \tag{3-12}$$

首先,需要对圆极化基和水平极化基的数据进行转换,因为多数情况下数据是在水平垂直极化基下给出的,而 Krogager 分解一般是在圆极化基下进行的(式(3-8)至式(3-9))。如果给出的是水平垂直极化基下的散射系数矩阵 $\boldsymbol{s}$ 对应的数据,则通过式(3-13)至式(3-15)就可以根据极化基变换得到圆极化基下散射系数矩阵 $\boldsymbol{s}_{\mathrm{rl}}$ 的各元素:

$$\boldsymbol{s}_{\mathrm{rr}} = \mathrm{j}\boldsymbol{s}_{\mathrm{HV}} + \frac{1}{2}(\boldsymbol{s}_{\mathrm{HH}} - \boldsymbol{s}_{\mathrm{HV}}) \tag{3-13}$$

$$\boldsymbol{s}_{\mathrm{ll}} = \mathrm{j}\boldsymbol{s}_{\mathrm{HV}} - \frac{1}{2}(\boldsymbol{s}_{\mathrm{HH}} - \boldsymbol{s}_{\mathrm{HV}}) \tag{3-14}$$

$$\boldsymbol{s}_{\mathrm{rl}} = \frac{\mathrm{j}}{2}(\boldsymbol{s}_{\mathrm{HH}} + \boldsymbol{s}_{\mathrm{VV}}) \tag{3-15}$$

如果给出的雷达图像数据是水平垂直基下的协方差矩阵或相干矩阵,则无法根据式(3-8)和式(3-9)求各散射机制分量,因为此时无法直接通过上面提到的极化基的变换得到圆极化基下的散射系数矩阵。因此下面将做一些推导,以解决这个问题。

由式(3-15)可得

$$|\boldsymbol{s}_{\mathrm{rl}}| = \frac{1}{2}|\boldsymbol{s}_{\mathrm{HH}} + \boldsymbol{s}_{\mathrm{VV}}| \tag{3-16}$$

由于相干矩阵 $\boldsymbol{T}$ 的第一个元素恰好是 $\frac{|\boldsymbol{s}_{\mathrm{HH}} + \boldsymbol{s}_{\mathrm{VV}}|^2}{2}$,而散射分量 k_{s} 可直接由 $\boldsymbol{T}$ 矩阵的第一个元素开平方乘系数得到。将式(3-13)两边平方,得

$$\begin{aligned}|\boldsymbol{s}_{\mathrm{rr}}|^2 &= \boldsymbol{s}_{\mathrm{rr}} \cdot \boldsymbol{s}_{\mathrm{rr}}^* = \left[\mathrm{j}\boldsymbol{s}_{\mathrm{HV}} + \frac{1}{2}(\boldsymbol{s}_{\mathrm{HH}} - \boldsymbol{s}_{\mathrm{VV}})\right] \cdot \left[\mathrm{j}\boldsymbol{s}_{\mathrm{HV}} + \frac{1}{2}(\boldsymbol{s}_{\mathrm{HH}} - \boldsymbol{s}_{\mathrm{VV}})\right]^* \\ &= |\boldsymbol{s}_{\mathrm{HV}}|^2 + \frac{\mathrm{j}}{2}\boldsymbol{s}_{\mathrm{HV}}(\boldsymbol{s}_{\mathrm{HH}} - \boldsymbol{s}_{\mathrm{VV}})^* - \frac{\mathrm{j}}{2}\boldsymbol{s}_{\mathrm{HV}}^*(\boldsymbol{s}_{\mathrm{HH}} - \boldsymbol{s}_{\mathrm{VV}}) + \frac{1}{4}|\boldsymbol{s}_{\mathrm{HH}} - \boldsymbol{s}_{\mathrm{HV}}|^2\end{aligned} \tag{3-17}$$

式(3-17)中 $|\boldsymbol{s}_{\mathrm{HV}}|^2$、$\boldsymbol{s}_{\mathrm{HV}}(\boldsymbol{s}_{\mathrm{HH}} - \boldsymbol{s}_{\mathrm{VV}})^*$、$\boldsymbol{s}_{\mathrm{HV}}^*(\boldsymbol{s}_{\mathrm{HH}} - \boldsymbol{s}_{\mathrm{VV}})$、$|\boldsymbol{s}_{\mathrm{HH}} - \boldsymbol{s}_{\mathrm{HV}}|^2$ 都是相干矩阵 $\boldsymbol{T}$ 中元素的倍数,因此式(3-17)可以写为

$$|\boldsymbol{s}_{\mathrm{rr}}|^2 = \frac{1}{2}\boldsymbol{T}_{33} + \frac{\mathrm{j}}{2}\boldsymbol{T}_{32} - \frac{\mathrm{j}}{2}\boldsymbol{T}_{23} + \frac{1}{2}\boldsymbol{T}_{22} \tag{3-18}$$

同理,可由式(3-14)推得

$$|\boldsymbol{s}_{\mathrm{ll}}|^2 = \frac{1}{2}\boldsymbol{T}_{33} - \frac{\mathrm{j}}{2}\boldsymbol{T}_{32} + \frac{\mathrm{j}}{2}\boldsymbol{T}_{23} + \frac{1}{2}\boldsymbol{T}_{22} \tag{3-19}$$

这样,k_{s}、k_{d} 和 k_{h} 三种散射机制分量可以通过协方差矩阵和相干矩阵用式(3-18)、式(3-19)、式(3-8)和式(3-9)求得。

用塔河地区的全极化 ALOS PALSAR 数据按照上面的方法计算出各分量,并按式(3－20)进行彩色合成:

$$\begin{cases} |k_s|^2 \to 红 \\ |k_d|^2 \to 绿 \\ |k_h|^2 \to 蓝 \end{cases} \tag{3-20}$$

照上面的分解方式对塔河地区 2007 年 5 月份 PALSAR 全极化图像进行 Krogager 分解试验后得到的各通道的图像及合成各通道后的图像如图 3－2 所示。

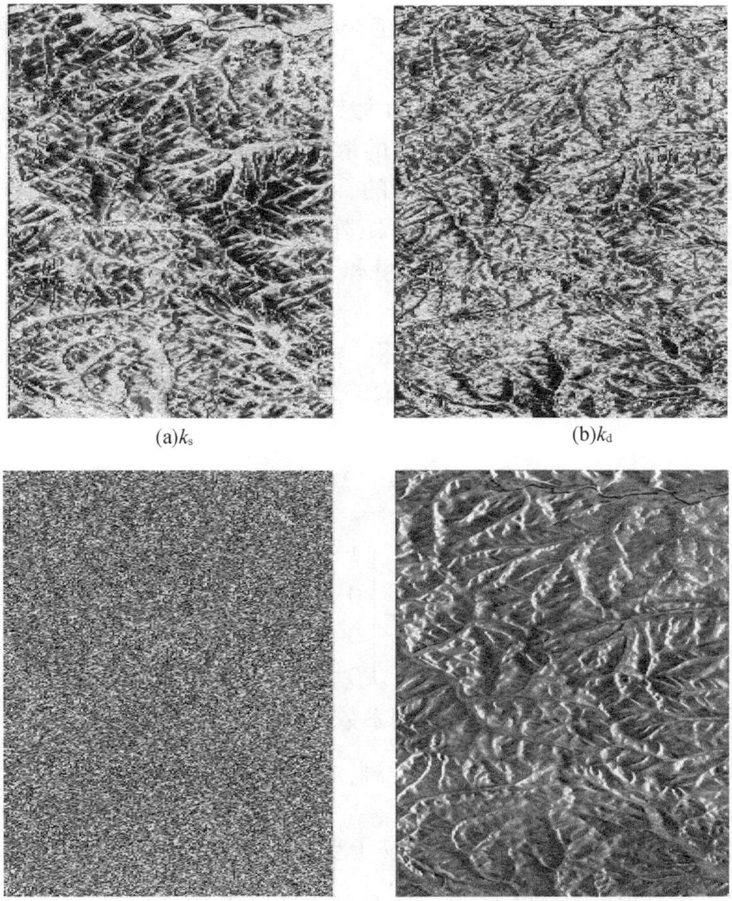

(a)k_s (b)k_d

(c)k_h (d)k_s、k_d、k_h

图 3－2 Krogager 分解后各通道强度图和合成各通道后的图像

3.3 Cameron 分解

目标的对称性和互易性是 Cameron 分解的基本前提。一般情况下,认为当地物目标在与雷达连线的垂直平面内有一个对称轴时具有对称的特性;地物目标满足互易的条件:散射矩阵在线性极化基下有 $\boldsymbol{s}_{\mathrm{HV}}=\boldsymbol{s}_{\mathrm{VH}}$,此时相应的圆极化基下有 $\boldsymbol{s}_{\mathrm{rl}}=\boldsymbol{s}_{\mathrm{lr}}$。对于非互易散射体,散射矩阵的对称性得不到满足。即使对于互易散射体,通常情况下它的实测极化散射矩阵也是非对称的,主要原因如下:

(1)极化散射矩阵测量系统的三个正交极化通道之间以及收发天线反馈系统之间的幅相特性难以做到完全一致。

(2)无法保证严格的单站条件,因为大多数雷达测量系统采用收发隔离天线。

(3)目标处的入射波和接收天线处的散射波都不能视为严格的平面波,因为一般散射测量都是在准远场条件下进行的。

Cameron 分解实际上是首先将散射矩阵分解为非互易分量和互易分量两部分,然后再将互易分量分解为非对称分量和对称分量两部分。散射矩阵的矢量可以表示为

$$\boldsymbol{s}=[\boldsymbol{s}_{\mathrm{HH}}\quad \boldsymbol{s}_{\mathrm{HV}}\quad \boldsymbol{s}_{\mathrm{VH}}\quad \boldsymbol{s}_{\mathrm{VV}}]^{\mathrm{T}} \tag{3-21}$$

将式(3-21)的矢量分解成两个正交的分量 $\boldsymbol{s}_{\mathrm{nonrec}}$(非互易分量)和 $\boldsymbol{s}_{\mathrm{rec}}$(互易分量),即

$$\boldsymbol{s}=\boldsymbol{s}_{\mathrm{rec}}+\boldsymbol{s}_{\mathrm{nonrec}}$$

其中

$$\boldsymbol{s}_{\mathrm{rec}}=\boldsymbol{p}_{\mathrm{rec}}\boldsymbol{s},\quad \boldsymbol{p}_{\mathrm{rec}}=\begin{bmatrix}1&0&0&0\\0&0.5&0.5&0\\0&0.5&0.5&0\\0&0&0&1\end{bmatrix} \tag{3-22}$$

散射矩阵服从互易性的程度可以用系数 θ_{rec} 表示为

$$\theta_{\mathrm{rec}}=\cos^{-1}\|\boldsymbol{p}_{\mathrm{rec}}\hat{s}\|,\quad 0\leqslant\theta_{\mathrm{rec}}\leqslant\frac{\pi}{2} \tag{3-23}$$

其中,$\|\cdot\|$ 为范数;$\hat{s}=\frac{s}{\boldsymbol{s}}$;系数 θ_{rec} 为互易子空间与极化散射矩阵之间的夹角。

将对应互易分量的散射矩阵进一步分解为两个对称成分:最大对称成分和最小对称成分,即

$$\boldsymbol{s}_{\mathrm{rec}}=A[\cos\boldsymbol{\tau}\boldsymbol{s}_{\mathrm{sym}}^{\max}+\sin\boldsymbol{\tau}\boldsymbol{s}_{\mathrm{sym}}^{\min}] \tag{3-24}$$

式中 A——$\boldsymbol{s}_{\mathrm{rec}}$ 的矢量范数,$A=\|\boldsymbol{s}_{\mathrm{rec}}\|$;

$\boldsymbol{s}_{\mathrm{sym}}^{\min}$——最小对称或其他成分；

$\boldsymbol{s}_{\mathrm{sym}}^{\max}$——最大对称成分，可由式(3－25)得到：

$$\begin{cases} \boldsymbol{s}_{\mathrm{sym}}^{\max} = a\boldsymbol{s}_{\mathrm{a}} + \varepsilon \boldsymbol{s}_{\mathrm{b}} \\ \varepsilon = \beta\cos\theta + \gamma\sin\theta \\ \tan 2\theta = \dfrac{\beta\gamma^{*} + \beta^{*}\gamma}{|\beta|^{2} - |\gamma|^{2}} \end{cases} \tag{3-25}$$

其中，a、β、γ 为 Pauli 基；τ 描述了 $\boldsymbol{s}_{\mathrm{sym}}^{\min}$偏离 $\boldsymbol{s}_{\mathrm{rec}}$的角度，它们之间的关系为

$$\cos\tau = \frac{\| (\boldsymbol{s}_{\mathrm{rec}}, \boldsymbol{s}_{\mathrm{sym}}^{\min}) \|}{\|\boldsymbol{s}_{\mathrm{rec}}\| \|\boldsymbol{s}_{\mathrm{sym}}^{\min}\|} \tag{3-26}$$

对于任意散射矩阵 $\boldsymbol{s}_{\mathrm{sym}}$，可以分解为

$$\boldsymbol{s}_{\mathrm{sym}} = a\mathrm{e}^{\mathrm{j}\rho}[\boldsymbol{R}(\psi)]\hat{\Lambda}(z) \quad a \in \mathbf{R}^{+} \quad \rho, \psi \in (-\pi, \pi] \tag{3-27}$$

式中 a——散射矩阵的振幅；

ρ——干扰相位；

ψ——散射方位角；

$\boldsymbol{R}(\psi)$——旋转算子。

$\hat{\Lambda}(z)$在线性极化基下可以表示为

$$\hat{\Lambda}(z) = \frac{1}{\sqrt{1+|z|}}\begin{bmatrix} 1 \\ 0 \\ 0 \\ z \end{bmatrix}, \quad z \in C, |z| \leqslant 1 \tag{3-28}$$

复向量 z 可用于表示不同散射，以下是典型目标的 z 值(式(3－29)至式(3－34))。

三面体：

$$\hat{\boldsymbol{s}}_{\mathrm{a}} = \hat{\Lambda}(1) \tag{3-29}$$

二面体：

$$\hat{\boldsymbol{s}}_{\mathrm{b}} = \hat{\Lambda}(-1) \tag{3-30}$$

圆柱体：

$$\hat{\boldsymbol{s}}_{\mathrm{cy}} = \hat{\Lambda}\left(\frac{1}{2}\right) \tag{3-31}$$

偶极子：

$$\hat{\boldsymbol{s}}_{1} = \hat{\Lambda}(0) \tag{3-32}$$

窄二面体：

$$\hat{\boldsymbol{s}}_{\mathrm{nd}} = \hat{\Lambda}\left(-\frac{1}{2}\right) \tag{3-33}$$

1/4 波振子：

$$\hat{s}_{\frac{1}{4}} = \hat{\Lambda}(j) \tag{3-34}$$

图 3－3 为 Cameron 分解流程。三面体、二面体、圆柱体、偶极子、窄二面体、1/4 波振子 6 种成分可以通过对最大对称成分进行距离匹配分解得到。

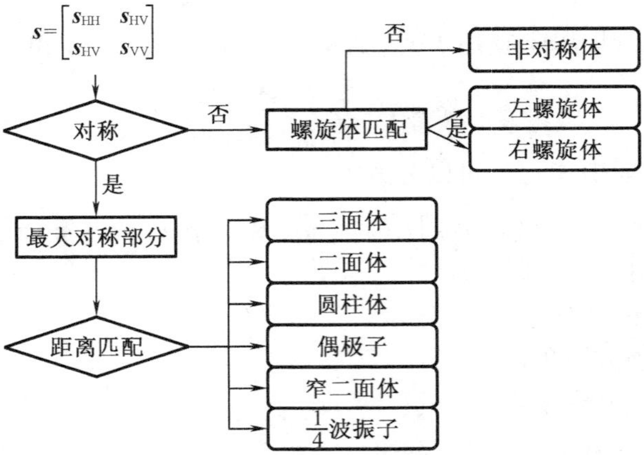

图 3－3　Cameron 分解流程

根据以上分类方法和分类流程对塔河地区 2007 年 5 月份 PALSAR 全极化影像进行 Cameron 分解(由于 Cameron 是针对单视数据的分解，图幅行向较长，本图只截取了部分区域进行分解)后得到的原影像图和分类图如图 3－4 所示。

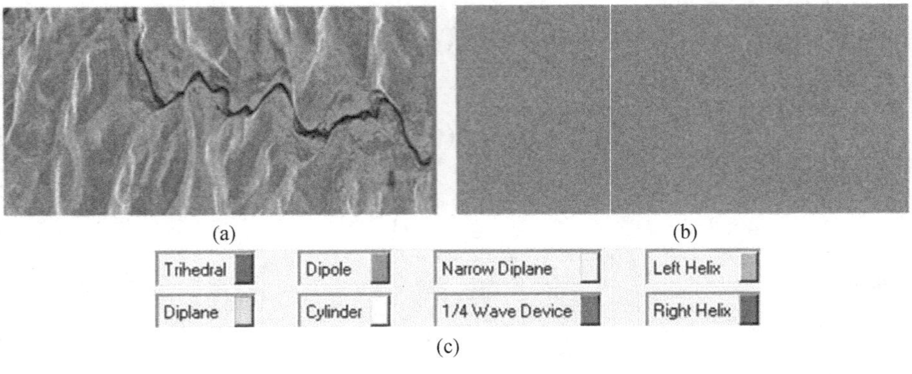

图 3－4　Cameron 分解后原影像图和分类图

由图 3－4 可以看出：在植被覆盖较好的森林地区，偶极子在 Cameron 分解结果中占主要地位，这表明林地和草地均具有较强的偶极子效应；并且 Cameron 分解对水域较敏感，能够有效分离水域。

3.4 Freeman 分解

Freeman 分解方法是将协方差矩阵分解为三种散射成分：

(1)面散射或奇数次散射：由一个一阶布拉格面散射得到；

(2)偶数次反射：由二面角反射器散射得到；

(3)体散射：由植被冠层随机定向偶极子散射得到。

Freeman 的研究发现，上面的第一种和第二种散射成分虽然都可以用协方差矩阵或 Sinclair 散射矩阵表示出来，但是第三种成分不能通过 Sinclair 散射矩阵完全表示出来，因为该成分的协方差矩阵的秩为3，相应的目标也无法用 Sinclair 散射矩阵表示出来，只能用[$\boldsymbol{C}$]矩阵从统计的意义上对地物目标进行分析。在互易的情况下(即 $\boldsymbol{s}_{\mathrm{HV}}=\boldsymbol{s}_{\mathrm{VH}}$)，定义 $\boldsymbol{u}=[\boldsymbol{s}_{\mathrm{HH}}\sqrt{2}\boldsymbol{s}_{\mathrm{HV}}\boldsymbol{s}_{\mathrm{VV}}]^{\mathrm{T}}$，这里 $\boldsymbol{u}$ 表示目标散射矢量。矩阵[$\boldsymbol{C}$]为

$$[\boldsymbol{C}]=\langle\boldsymbol{u}\boldsymbol{u}^{*\mathrm{T}}\rangle=\begin{bmatrix}\langle|\boldsymbol{s}_{\mathrm{HH}}|^2\rangle & \sqrt{2}\langle\boldsymbol{s}_{\mathrm{HH}}\boldsymbol{s}_{\mathrm{VV}}^*\rangle & \langle\boldsymbol{s}_{\mathrm{HH}}\boldsymbol{s}_{\mathrm{VV}}^*\rangle\\ \sqrt{2}\langle\boldsymbol{s}_{\mathrm{HV}}\boldsymbol{s}_{\mathrm{HH}}^*\rangle & 2\langle|\boldsymbol{s}_{\mathrm{HV}}|^2\rangle & \sqrt{2}\langle\boldsymbol{s}_{\mathrm{HV}}\boldsymbol{s}_{\mathrm{VV}}^*\rangle\\ \langle\boldsymbol{s}_{\mathrm{VV}}\boldsymbol{s}_{\mathrm{HH}}^*\rangle & \sqrt{2}\langle\boldsymbol{s}_{\mathrm{VV}}\boldsymbol{s}_{\mathrm{HV}}^*\rangle & \langle|\boldsymbol{s}_{\mathrm{VV}}|^2\rangle\end{bmatrix} \quad (3-35)$$

Freeman 分解是将协方差矩阵分解成三种成分，即

$$[\boldsymbol{C}]=f_{\mathrm{s}}\begin{bmatrix}|\beta|^2 & 0 & \beta\\ 0 & 0 & 0\\ \beta^* & 0 & 1\end{bmatrix}+f_{\mathrm{d}}\begin{bmatrix}|a|^2 & 0 & a\\ 0 & 0 & 0\\ a^* & 0 & 1\end{bmatrix}+f_{\mathrm{v}}\begin{bmatrix}1 & 0 & \frac{1}{3}\\ 0 & \frac{2}{3} & 0\\ \frac{1}{3} & 0 & 0\end{bmatrix} \quad (3-36)$$

式中 f_{s}、f_{d}、f_{v}——各种成分的权值系数；

β——HH 后向散射与 VV 后向散射的比值，在一阶布拉格的情况下，β 可以表示为

$$\beta=\frac{R_{\mathrm{H}}}{R_{\mathrm{V}}}$$

其中

$$R_{\mathrm{H}}=\frac{\cos\theta-\sqrt{\varepsilon-\sin^2\theta}}{\cos\theta+\sqrt{\varepsilon-\sin^2\theta}},R_{\mathrm{V}}=\frac{(\varepsilon-1)[\sin^2\theta-\varepsilon(1+\sin^2\theta)]}{(\varepsilon\cos\theta+\sqrt{\varepsilon-\sin^2\theta})} \quad (3-37)$$

ε、θ 分别表示表面电解质常数和入射角。

a 的定为

$$a=\frac{R_{GH}R_{VH}}{R_{GV}R_{VV}} \tag{3-38}$$

式中 R_{GH}——地表的水平 Fresnel 系数；

R_{GV}——地表的垂直 Fresnel 系数；

R_{VH}、R_{VV}——竖直墙体的 Fresnel 系数。

β、a 可由式(3－39)求出：

$$\begin{cases}\langle \boldsymbol{s}_{HH}\boldsymbol{s}_{HH}^{*}\rangle =f_s|\beta|^2+f_d|\beta|^2+f_v\\ \langle \boldsymbol{s}_{VV}\boldsymbol{s}_{VV}^{*}\rangle =f_s+f_d+f_v\\ \langle \boldsymbol{s}_{HH}\boldsymbol{s}_{VV}^{*}\rangle =f_s\beta+f_d a+\dfrac{f_v}{3}\\ \langle \boldsymbol{s}_{HV}\boldsymbol{s}_{HV}^{*}\rangle =\dfrac{f_v}{3}\end{cases} \tag{3-39}$$

当 $\mathrm{Re}(\boldsymbol{s}_{HH}\boldsymbol{s}_{VV}^{*})>0$ 时，$a=-1$；当 $\mathrm{Re}(\boldsymbol{s}_{HH}\boldsymbol{s}_{VV}^{*})<0$ 时，$\beta=1$。于是可以解出所有的未知参数，并求得各种成分的功率和总功率 P，即

$$P_s=f_s(1+|\beta|^2)$$

$$P_d=f_d(1+|a|^2)$$

$$P_v=\frac{8f_v}{3}$$

$$P=P_s+P_d+P_v=|\boldsymbol{s}_{HH}|^2+2|\boldsymbol{s}_{HV}|^2+|\boldsymbol{s}_{VV}|^2 \tag{3-40}$$

按照上述分解方法对塔河地区 2007 年 5 月份 PALSAR 全极化影像进行 Freeman 分解试验，分解后得到的各通道的图像及合成各通道后的图像如图 3－5 所示。

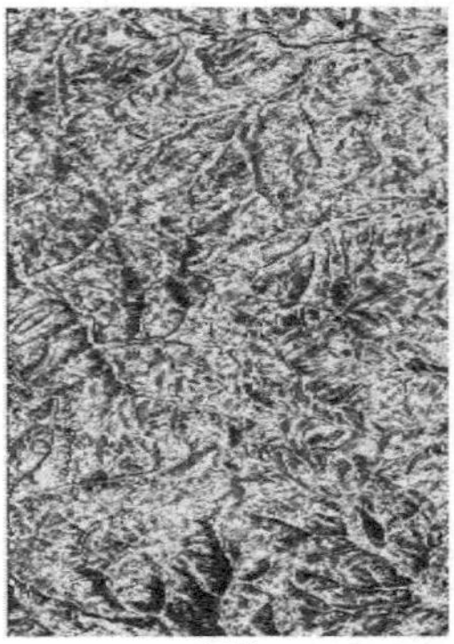

(a)P_v

(b)P_d

图 3－5　Freeman 分解后各通道图像及合成各通道后的图像

(c)P_s

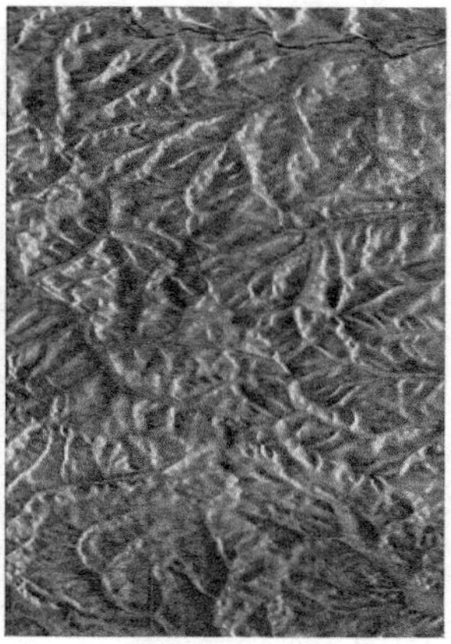

(d)P_d、P_v、P_s

图 3-5(续)

3.5 Huynen 分解

1970 年,Huynen 首次对把 Muller 矩阵分解为若干独立分量的和的概念进行了系统的研究。该分解理论用到两个关键的原理:

(1)对于分布式目标,Muller 矩阵[$\boldsymbol{M}_A$]没有单一等效的[$\boldsymbol{s}_A$]矩阵,并且目标矢量具有一定的波动。

(2)对于从平均 Muller 矩阵中提取的 Muller 矩阵分量[$\boldsymbol{M}_S$]是具有称为 1 的相干矩阵,等效于[$\boldsymbol{s}_A$]矩阵。残余矩阵仍是 Muller 矩阵,但属于分布式目标,称作 N-目标。Huyhen 的理论是基于波的二分性,因此它假定目标信息也存在目标二分性。

根据 Huynen 分解理论,极化相干矩阵具有如下形式:

$$\boldsymbol{T} = [\boldsymbol{k} \cdot \boldsymbol{k}^{*\mathrm{T}}] = \begin{bmatrix} 2A_0 & C - \mathrm{j}D & H + \mathrm{j}G \\ C + \mathrm{j}D & B_0 + B & E + \mathrm{j}F \\ H - \mathrm{j}G & E - \mathrm{j}F & B_0 - B \end{bmatrix} \tag{3-41}$$

其中,A_0、B_0、B、C、D、E、F、G、H 统称为 Huynen 参数,这些参数都和一定的目标散射信息相对应,它们是地物目标散射矩阵参数的函数,可以用于目标分析过程。在 Huynen 的论文中,A_0 为目标对称因子,表示规则、光滑、凸起部分散射的总和;

B_0 为不规则、粗糙、非凸起去极化部分散射的总和；$A_0 + B_0$ 为大致的总散射功率；$B_0 - B$ 为目标非对称因子，表示非对称去极化能量；$B_0 + B$ 为目标非规划因子，表示对称去极化能量；C、D 为对称目标的去极化部分（C 为构型因子，产生目标的总体形状；D 为局部曲率差的度数，产生目标局部形状）；E、F 由非对称导致的去极化部分（E 为表面扭转，产生目标局部扭转；F 为目标的螺旋性，产生目标总体扭转）；G、H 为目标对称和非对称项的耦合（G 用于产生目标局部耦合；H 用于产生目标总体耦合）。

Huynen 分解是将相干矩阵分解为固定散射矩阵（即秩为 1 的矩阵）和剩余散射矩阵；该剩余量不是任意的，它随着天线坐标系按照视线方向旋转保持不变，因此矩阵可以用式（3－42）表示：

$$\boldsymbol{T} = \begin{bmatrix} 2A_0 & C-\mathrm{j}D & H+\mathrm{j}G \\ C+\mathrm{j}D & B_0+B & E+\mathrm{j}F \\ H-\mathrm{j}G & E-\mathrm{j}F & B_0-B \end{bmatrix} = [T_0] + [T_N]$$

$$= \begin{bmatrix} 2A_0 & C-\mathrm{j}D & H-\mathrm{j}G \\ C-\mathrm{j}D & B_{0T}+B_T & E_T+\mathrm{j}F_T \\ H-\mathrm{j}G & E_T-\mathrm{j}F_T & B_{0T}-B_T \end{bmatrix} + \begin{bmatrix} 0 & 0 & 0 \\ 0 & B_{0N}+B_N & E_N+\mathrm{j}F_N \\ 0 & E_N-\mathrm{j}F_N & B_{0N}-B_N \end{bmatrix} \quad (3-42)$$

在[$\boldsymbol{T}$]中的 9 个参数中只有 5 个是独立的，它们存在如下关系：

$$\begin{aligned} 2A_0(B_0+B) &= C^2+D^2, \quad 2A_0(B_0-B) = G^2+H^2, \\ 2A_0E &= CH-DG, \quad 2A_0F = CG+DH \end{aligned} \quad (3-43)$$

目标因子 A_0、B_0+B 和 B_0-B 作为相关矩阵的对角线元素，非对角线上的其他参数对(C,D)、(E,F)和(G,H)可以通过它们得到。“目标因子”A_0、B_0+B 和 B_0-B 分别与目标的对称性、不规则性和非均匀性等物理特性相关联。一般的散射均是由体散射、偶次散射和奇次散射三种简单的散射机理组合而成的，在这三种基本散射机理中，A_0、B_0+B 和 B_0-B 具有以下信息特点：

（1）体散射：B_0-B、A_0、B_0+B；

（2）偶次散射：B_0+B、A_0、B_0-B；

（3）奇次散射：A_0、B_0+B、B_0-B。

按照以上的分解方法对塔河地区 2007 年 5 月份 PALSAR 全极化影像进行分解试验，分解后得到的各通道的图像和合成各通道后的图像如图 3－6 所示。

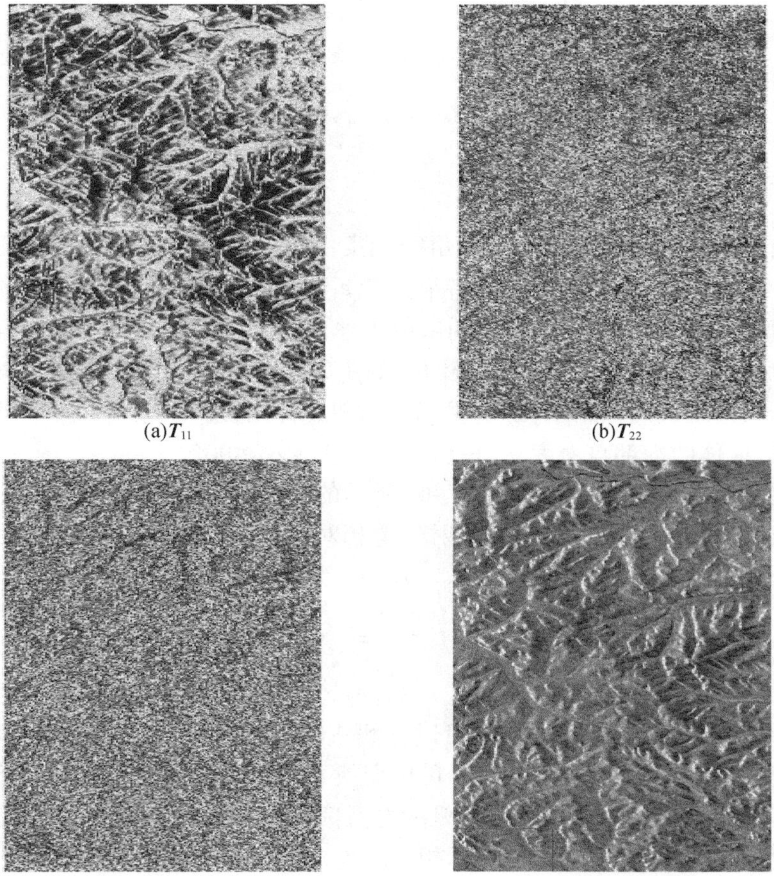

图 3-6 Huynen 分解后各通道图像及合成各通道后的图像

3.6 Cloude 分解($H-\alpha$ 分解)

Cloude 分解($H-\alpha$ 分解)方法是用极化相干矩阵的特征向量和特征值的分解方法把极化相干矩阵分解为三种成分的加权和。在 Cloude 分解($H-\alpha$ 分解)方法中特征值和其相应的特征矩阵表示一种特定的物质结构。Cloude 分解方法首先需要通过散射矩阵$[\boldsymbol{s}]$得到相干矩阵$[\boldsymbol{T}]$,Hermitian 半正定的相干矩阵$[\boldsymbol{T}]$可以通过式(3-44)所示的单位相似变换来对角化:

$$[\boldsymbol{T}]=[\boldsymbol{U}_3][\boldsymbol{\Lambda}][\boldsymbol{U}_3]^{\mathrm{H}} \tag{3-44}$$

其中

$$[\boldsymbol{\Lambda}]=\begin{bmatrix}\lambda_1 & 0 & 0\\ 0 & \lambda_2 & 0\\ 0 & 0 & \lambda_3\end{bmatrix},[\boldsymbol{U}_3]=[\boldsymbol{e}_1,\boldsymbol{e}_2,\boldsymbol{e}_3]^{\mathrm{T}},\boldsymbol{e}_i=\begin{bmatrix}\cos\alpha_i\\ \sin\alpha_i\cos(\beta_i)\mathrm{e}^{\mathrm{j}\delta_i}\\ \sin\alpha_i\sin(\beta_i)\mathrm{e}^{\mathrm{j}\gamma_i}\end{bmatrix} \tag{3-45}$$

对角化的特征值矩阵$[\boldsymbol{\Lambda}]$的对角线元素由相干矩阵$[\boldsymbol{T}]$的非负特征值λ_i组成，且$\lambda_1\geqslant\lambda_2\geqslant\lambda_3\geqslant0$；$[\boldsymbol{T}]$的正交特征矢量$\boldsymbol{e}_1$、$\boldsymbol{e}_2$和$\boldsymbol{e}_3$和单位特征矢量矩阵$[\boldsymbol{U}_3]$的列向量相对应；$\boldsymbol{e}_i$表示某种特定的散射机理，在$\boldsymbol{e}_i$表达式中的四个参数都有具体的物理意义：$\delta_i$和$\gamma_i$为目标的散射相位角；$\beta_i$取值范围为$-180°\leqslant\beta_i\leqslant180°$，表示目标关于雷达视线的方向角；$\alpha_i$与目标的物理旋转无关，和一定散射机理类型相对应，表示散射体的内部自由度，α_i取值范围为$0°\leqslant\alpha_i\leqslant90°$。

因此，可以将$[\boldsymbol{T}]$扩展为式(3-46)所示的三个独立的目标之和，这三个目标分别和具有某种特定散射机理的散射矢量相对应，每个目标所起作用的大小由对应的特征值加权来表示：

$$\begin{aligned}[\boldsymbol{T}]&=[\boldsymbol{U}_3][\boldsymbol{\Lambda}][\boldsymbol{U}_3]^{\mathrm{H}}=\sum_{n=1}^{3}\lambda_n[\boldsymbol{T}_n]\\&=\lambda_1(\boldsymbol{e}_1\cdot\boldsymbol{e}_1)+\lambda_2(\boldsymbol{e}_2\cdot\boldsymbol{e}_2)+\lambda_3(\boldsymbol{e}_3\cdot\boldsymbol{e}_3)\end{aligned} \tag{3-46}$$

式(3-46)表示目标相干矩阵可以分解成代表三个不同独立散射过程的并且相互正交的相干矩阵的加权和；由于单位变换下特征值问题是基不变的，因此该方法具有基不变的特点。在目标是随机的并且完全与极化状态无关的情况下，相干矩阵的全部特征值均相等；如果目标相干矩阵只有唯一的一种表达形式，则相干矩阵只有一个非零特征值。

通过定义目标的散射熵H可以表征每一个分解目标的统计无序程度，见式(3-47)，相干矩阵的特征值λ_i的概率分布用P_i表示：

$$H=-\sum_{i=1}^{3}P_i\log_3P_i,\quad P_i=\frac{\lambda_i}{\sum\limits_{j=1}^{3}\lambda_j} \tag{3-47}$$

其中，地物目标的散射熵H的取值范围为$0\leqslant H\leqslant1$，它描述了散射过程的随机性。当散射熵等于1时相干矩阵有三个相等的特征值，在这种情况下地物目标的散射处于完全非极化状态并退化为随机的噪声，无法获得目标的任何极化信息；当散射熵等于0时只有一个特征值不为零，在这种情况下地物目标的散射处于完全极化状态，此时的散射矩阵具有唯一性并与具体的散射过程相对应。作为λ_1、λ_2和λ_3之间关系的指示器，散射熵并不反映特征值λ_2和λ_3之间的关系。地物目标极化状态的随机性随着熵的增加而增加。

目标的平均散射机制角 $\bar{\alpha}$ 和平均方位角 $\bar{\beta}$ 的定义为

$$\bar{\alpha} = \sum_{i=1}^{3} P_i\alpha_i = P_1\cos^{-1}\boldsymbol{e}_1^1 + P_2\cos^{-1}(\boldsymbol{e}_2^1) + P_3\cos^{-1}(\boldsymbol{e}_3^1) \tag{3-48}$$

$$\bar{\beta} = \sum_{i=1}^{3} P_i\beta_i \tag{3-49}$$

其中，α_i 和 β_i 可由特征矢量 $\boldsymbol{e}_i$ 计算得到。

作为一个0°~90°连续变化的参量，散射机制角 $\bar{\alpha}$ 表示目标的散射机理类型。平均散射机制角 $\bar{\alpha}$ 等于90°时比较有代表性的散射机制是螺旋线散射模型或二面角散射；平均散射机制角 $\bar{\alpha}$ 大于45°时散射机制为各向异性的二面角散射；平均散射机制角 $\bar{\alpha}$ 等45°时散射机制为偶极子散射；平均散射机制角 $\bar{\alpha}$ 等于0°时散射机制为各向同性的表面散射；散射机理随着平均散射机制角 $\bar{\alpha}$ 的增加逐渐变为各向异性的表面散射。

值得注意的是，散射过程可以通过旋转不变量 $\bar{\alpha}$ 在空间的方位进行识别。虽然矢量 $\boldsymbol{k}$ 与散射熵和特征值是无关的，但由特征矢量推导出的平均散射机制角 $\bar{\alpha}$ 和 $\bar{\alpha}$ 平均相位角 $\bar{\beta}$ 与矢量 $\boldsymbol{k}$ 是相关的。作为Pauli矩阵的扩展平均散射机制角 $\bar{\alpha}$ 既考虑到了各向异性的散射过程又考虑到了各向同性散射过程。通常，自然界中真实地物很少表现出各向同性的性质，除非是一些人造反射器等。因此，$\bar{\alpha}$ 角的重要性就在于它把极化分解扩展到更实用的遥感应用领域。

作为表征地物目标极化散射特性的两个重要参量，散射机制角 $\bar{\alpha}$ 和散射熵 H 的取值范围及含义见表3-3和表3-4。

表3-3　地物目标散射熵的取值范围及含义

目标散射熵	含义
0	系统处于完全极化状态
较低值	系统接近完全极化，3个特征值中有1个较大，其余2个很小可忽略
较高值	系统接近完全非极化，3个特征值比较接近
1	系统处于完全非极化状态，极化信息为零，目标散射完全变为随机噪声过程

表 3-4 平均散射机制角 $\bar{\alpha}$ 的取值范围及其含义

表征目标散射机理的角度	含义
0°	各向同性的表面散射,如平静水面或均匀导体球的散射
(0°, 45°)	各向异性的表面散射,如布拉格表面的散射
45°	偶极子散射或来自一片各向异性微粒的散射
(45°, 90°)	由介质构成的二面角的散射
90°	由金属构成的二面角的散射

极化各向异性量 A 的定义为

$$A=\frac{\lambda_2-\lambda_3}{\lambda_2+\lambda_3} \tag{3-50}$$

在散射熵值很高的情况下,各向异性量 A 无法提供附加信息因为此时特征值基本相等($H\cong1\rightarrow\lambda_1\cong\lambda_2\cong\lambda_3$);但在散射熵值较低的情况下,小的特征值 λ_2 和 λ_3 接近0。在低或中等熵值情况($\lambda_1>\lambda_2,\lambda_1>\lambda_3$)下各向异性量 A 包含附加信息,此时散射熵无法提供有关 λ_2 和 λ_3 的信息。中等熵值表示在散射过程中具有多个散射机理对散射信号有贡献,此时如果各向异性量较低,则表明第三个散射机理是重要的;如果各向异性量较高,则表明只有第二个散射机理是最重要的。

按照以上分解方法对塔河地区2007年5月份 PALSAR 全极化影像进行 $H/A/\alpha$ 分解试验后得到的散射熵、各向异度和角度如图3-7所示。

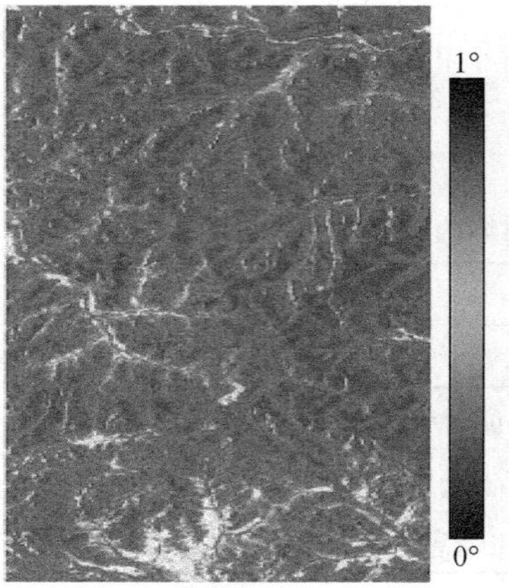

(a)散射熵H

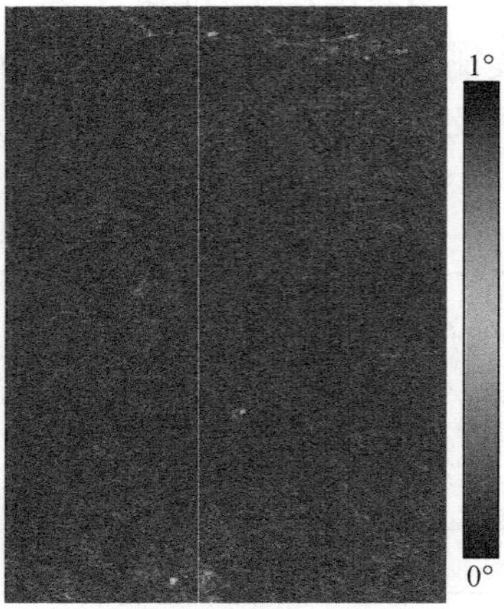

(b)各向异度A

图 3-7 $H/A/\alpha$ 分解后散射熵 H、各向异度 A 和角度 α

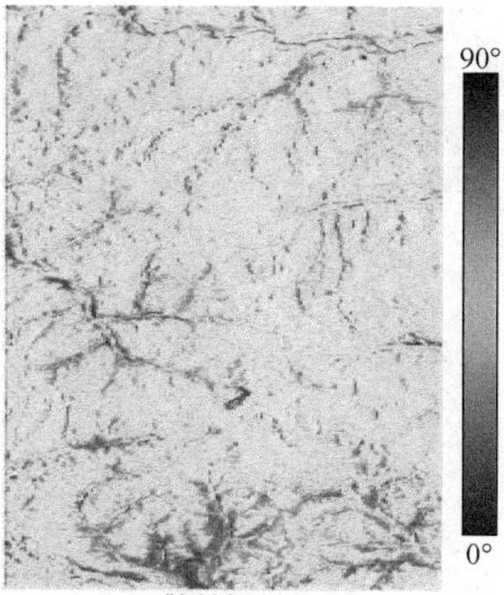

(c)散射机制角α

图 3-7(续)

3.7 Holm 分解

Holm 分解是基于相干矩阵的特征值和特征向量进行分解的方法,和 Cloude 分解相类似。Holm 分解首先通过散射矩阵[$\boldsymbol{s}$]得到相干矩阵[$\boldsymbol{T}$]。Hermitian 半正定的相干矩阵[$\boldsymbol{T}$]可以通过式(3-44)单位相似变换来对角化。Holm 分解理论就是将[$\boldsymbol{\Lambda}$]分解为几个部分的叠加,每个部分都对应于一定的散射机理,即

$$[\boldsymbol{\Lambda}] = \begin{bmatrix} \lambda_1 & 0 & 0 \\ 0 & \lambda_2 & 0 \\ 0 & 0 & \lambda_3 \end{bmatrix}$$

$$= \begin{bmatrix} \lambda_1 - \lambda_2 & 0 & 0 \\ 0 & 0 & 0 \\ 0 & 0 & 0 \end{bmatrix} + \begin{bmatrix} \lambda_2 - \lambda_3 & 0 & 0 \\ 0 & \lambda_2 - \lambda_3 & 0 \\ 0 & 0 & 0 \end{bmatrix} + \begin{bmatrix} \lambda_3 & 0 & 0 \\ 0 & \lambda_3 & 0 \\ 0 & 0 & \lambda_3 \end{bmatrix} \tag{3-51}$$

这样相干矩阵[$\boldsymbol{T}$]可以写为

$$[\boldsymbol{T}] = \lambda_1 \boldsymbol{u}_1 \boldsymbol{u}_1^{\mathrm{T}*} + \lambda_2 \boldsymbol{u}_2 \boldsymbol{u}_2^{\mathrm{T}*} + \lambda_3 \boldsymbol{u}_3 \boldsymbol{u}_3^{\mathrm{T}*}$$
$$= (\lambda_1 - \lambda_2)\boldsymbol{u}_1 \boldsymbol{u}_1^{\mathrm{T}*} + (\lambda_2 - \lambda_3)(\boldsymbol{u}_1 \boldsymbol{u}_1^{\mathrm{T}*} + \boldsymbol{u}_2 \boldsymbol{u}_2^{\mathrm{T}*}) + \lambda_3 [I_{3D}] \tag{3-52}$$

其中,$\lambda_1 \boldsymbol{u}_1 \boldsymbol{u}_1^{\mathrm{T}*}$、$\lambda_2 \boldsymbol{u}_2 \boldsymbol{u}_2^{\mathrm{T}*}$ 和 $\lambda_3 \boldsymbol{u}_3 \boldsymbol{u}_3^{\mathrm{T}*}$ 分别对应于纯目标(相干目标)、混合目标和噪声。各变量物理解释和 Cloude 分解($H-\alpha$ 分解)一致。

按照以上的分解方法对塔河地区 2007 年 5 月份 PALSAR 全极化影像进行 Holm 分解试验后所得 $\boldsymbol{T}$ 矩阵各通道的图像及合成通道后的图像如图 3-8 所示。

(a)T_{11}

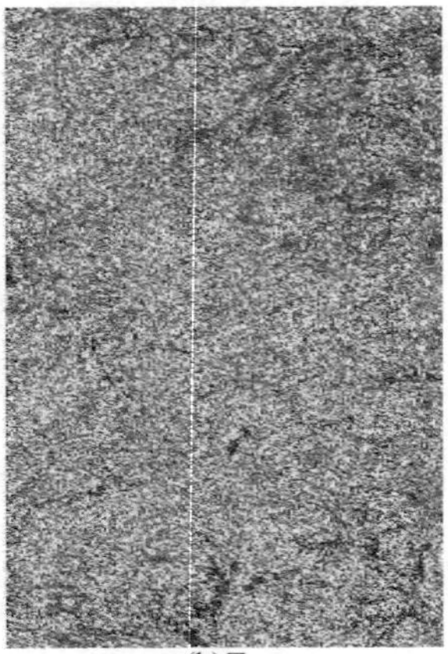

(b)T_{22}

(c)T_{33}

(d)T_{11}、T_{22}、T_{33}

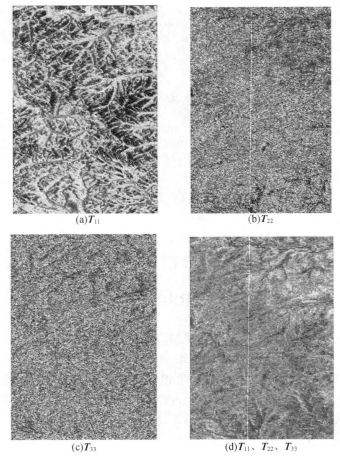

图 3 –8　Holm 分解后各通道图像及合成各通道后的图像

本书还分别提取了 Pauli 分解、Krogager 分解、Freeman 分解、Huynen 分解和 Holm 分解后合成的伪彩色图中同一地物，如图 3 –9 中的河流拐弯处。

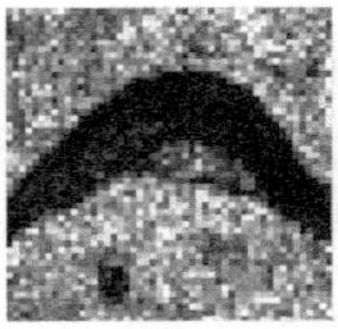

(a)Pauli 分解

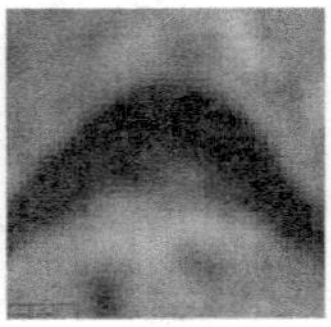

(b)Krogager 分解

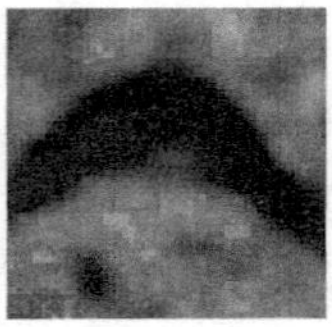

(c)Freeman 分解

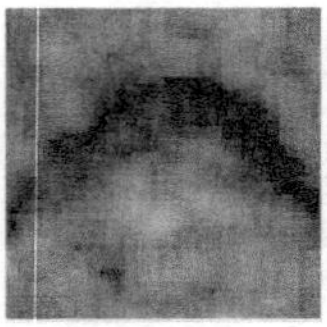

(d)Huynen 分解

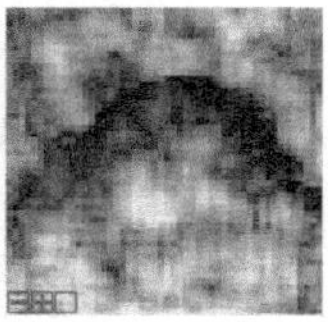

(e)Holm 分解

图 3 –9　各分解对应的伪彩色局部放大图(河流拐弯处)

由图3－1～图3－8中合成各通道后的伪彩色图和图3－9同一地物局部地区放大图(河流拐弯处)可以看出:

(1)在本章以上七种分解方法中对于ALOS PALSAR全极化雷达影像,Krogager分解、Cameron分解、Huynen分解和Holm分解对地物细节的刻画能力较弱,分解后的伪彩色图像中均具有明显的斑点噪声,其中Holm分解效果最弱。

(2)与其他分解方法相比,Freeman分解能够有效区分水体散射、奇数次和偶数次散射。因此分解效果相对其他几种方法是最优的,该分解细节刻画能力较强,不同地物间的边界相对比较清晰,但是斑点噪声影响仍非常明显,如图3－9(c)所示。

(3)Cameron分解对偶极子效应敏感,在林地、草地和水体之间的区分上效果明显,但对其他地物的区分效果是最差的。因此该分解方法用于水体的查找时是一个比较好的选择。

(4)$H/A/\alpha$分解是其他应用的基础,如基于该分解进行Wishart ML分类等。该分解得到的熵值图表明森林和植被覆盖好的地区都有较高的熵值,本书后续极化分类是正是基于$H/A/\alpha$分解得到的参数进行的。

从以上的分析还可以看出:每种分解都是基于不同的散射机制,各有其优缺点,因此具体应用时可以根据自己的需要选择相应的分解方法。

极化目标分解方法的研究是为有效利用PolSAR数据提供重要的方法,而不是最终目标。现有的PolSAR目标分解方法的目的大多是提取目标极化特征以应用于目标分类、检测与识别等。因此,如何利用目标分解方法提取地物目标极化特征并进行目标识别和分类还有待进一步研究。

3.8 本章小结

通过极化目标分解可以得到表征目标的散射或几何结构信息,利用目标分解得到的参数可构造一大类特征。极化分解为极化雷达后续处理奠定了基础,因此本章较全面地对基于机载SAR数据发展起来的技术,如相干目标的极化分解算法(Pauli分解、Krogager分解和Cameron分解)和针对Mueller矩阵、相干矩阵和协方差矩阵的分解算法(Freeman分解、Huynen分解、Cloude分解($H-\alpha$)和Holm分解),及星载SAR数据方面的适用性进行了详细的分析。最后对塔河地区2007年5月份PALSAR全极化影像进行上七种分解,给出了相应的分解结果,为本书后续分析奠定了基础。研究表明,以上方法在星载SAR数据处理方面能获得理想的结果。

第 4 章　极化雷达(干涉)图像分类

雷达图像分类的有关研究一直以来都是雷达遥感领域的热点,全极化雷达测量模式下获取的极化散射矩阵为研究提供了更为丰富的地物信息,基于全极化雷达图像进行的分类与单极化雷达图像相比能提供更为丰富和精确的结果。在极化雷达林业应用方面:在生物量估算之前通常需要对森林覆盖类型进行分类;在森林资源的开发和利用、森林类型识别、森林制图、森林调查、圈画森林砍伐区以及火灾的区域等方面也需要进行分类。因此,有必要对森林覆盖地区极化雷达图像分类进行研究。

目前,很多极化雷达图像分类的方法被提出来,与常规光学遥感依靠地物后向散射强度进行分类不同的是,极化雷达分类的方法都是基于从地物目标的 Sinclair 散射矩阵或极化 Stokes 矩阵中提取的与地物目标散射机理密切相关的参数(极化分解得到的参数,见本书第 3 章),然后通过与其他方法相结合实现对地物目标的分类。

本章将具体介绍一些极化雷达图像分类的方法,并结合塔河地区 PALSAR 全极化数据进行分类研究。

4.1　极化雷达图像分类

4.1.1　H/α 分类

H/α 进行极化雷达图像分类的原理是通过引入散射熵 H 来表示地物目标的散射机理在统计学原理上杂乱无序的程度,其定义为

$$H = -\sum_{i=1}^{3} P_i \log_3 P_i \tag{4-1}$$

其中,P_i 按照式(4－2)定义:

$$P_i = \frac{\lambda_i}{\sum_{j=1}^{3} \lambda_j} \tag{4-2}$$

散射熵 H 的值在地物目标散射过程中去极化效应影响比较弱时通常比较小,在这种情况下占主导地位的散射机制对应的散射矩阵可以用最大特征值对应的特征向量来表示;相反,散射熵 H 的值在地物目标散射过程中去极化效应影响比较强

时通常比较大，此时需要考虑整个特征值谱，在这种情况下散射矩阵对应多种散射机制。散射熵与能够区分出的散射类别的数目呈负相关，即熵值越大能区分出的类别数目越小，当 $H=1$ 时达到极限，此时极化信息变为0，目标散射成为一个纯粹的随机噪声过程。

通过对散射相干矩阵（式(4-3)）进行特征值分解可得式(4-4)：

$$\boldsymbol{T}=\frac{1}{2}\begin{bmatrix}\langle|\boldsymbol{s}_{\mathrm{HH}}+\boldsymbol{s}_{\mathrm{VV}}|^2\rangle & \langle(\boldsymbol{s}_{\mathrm{HH}}+\boldsymbol{s}_{\mathrm{VV}})(\boldsymbol{s}_{\mathrm{HH}}-\boldsymbol{s}_{\mathrm{VV}})^*\rangle & \langle 2(\boldsymbol{s}_{\mathrm{HH}}+\boldsymbol{s}_{\mathrm{VV}})\boldsymbol{s}_{\mathrm{HV}}^*\rangle \\ \langle(\boldsymbol{s}_{\mathrm{HH}}-\boldsymbol{s}_{\mathrm{VV}})(\boldsymbol{s}_{\mathrm{HH}}+\boldsymbol{s}_{\mathrm{VV}})^*\rangle & \langle|\boldsymbol{s}_{\mathrm{HH}}-\boldsymbol{s}_{\mathrm{VV}}|^2\rangle & \langle 2(\boldsymbol{s}_{\mathrm{HH}}-\boldsymbol{s}_{\mathrm{VV}})\boldsymbol{s}_{\mathrm{HV}}^*\rangle \\ \langle 2\boldsymbol{s}_{\mathrm{HV}}(\boldsymbol{s}_{\mathrm{HH}}+\boldsymbol{s}_{\mathrm{VV}})^*\rangle & \langle 2\boldsymbol{s}_{\mathrm{HV}}(\boldsymbol{s}_{\mathrm{HH}}-\boldsymbol{s}_{\mathrm{VV}})^*\rangle & \langle 4|\boldsymbol{s}_{\mathrm{HV}}|^2\rangle\end{bmatrix} \tag{4-3}$$

$$\boldsymbol{T}=\boldsymbol{U}_3\begin{bmatrix}\lambda_1 & 0 & 0\\ 0 & \lambda_2 & 0\\ 0 & 0 & \lambda_3\end{bmatrix}\boldsymbol{U}_3^{\mathrm{H}} \tag{4-4}$$

其中，矩阵 $\boldsymbol{U}_3$ 可以参数化表示为

$$[\boldsymbol{U}_3]=\begin{bmatrix}\cos(\alpha_1)\mathrm{e}^{\mathrm{i}\varphi_1} & \cos(\alpha_2)\mathrm{e}^{\mathrm{i}\varphi_2} & \cos(\alpha_3)\mathrm{e}^{\mathrm{i}\varphi_3}\\ \sin\alpha_1\cos(\beta_1)\mathrm{e}^{\mathrm{i}\delta_1} & \sin\alpha_2\cos(\beta_2)\mathrm{e}^{\mathrm{i}\delta_2} & \sin\alpha_3\cos(\beta_3)\mathrm{e}^{\mathrm{i}\delta_3}\\ \sin\alpha_1\sin(\beta_1)\mathrm{e}^{\mathrm{i}\gamma_1} & \sin\alpha_2\sin(\beta_2)\mathrm{e}^{\mathrm{i}\gamma_2} & \sin\alpha_3\sin(\beta_3)\mathrm{e}^{\mathrm{i}\gamma_3}\end{bmatrix} \tag{4-5}$$

上述分解中，矩阵 $\boldsymbol{U}_3$ 的列向量相干矩阵 $\boldsymbol{T}$ 的特征向量是 $\boldsymbol{u}_1$、$\boldsymbol{u}_2$、$\boldsymbol{u}_3$，$\boldsymbol{T}$ 矩阵的实特征值是 λ_1、λ_2、λ_3，并且 $\lambda_1\geqslant\lambda_2\geqslant\lambda_3$，$\boldsymbol{T}$ 矩阵可以写成式(4-6)所示的三个矩阵的叠加：

$$\boldsymbol{T}=\sum_{i=1}^{3}\lambda_i\boldsymbol{U}_i=\lambda_1\boldsymbol{u}_1\cdot\boldsymbol{u}_1^{\mathrm{H}}+\lambda_2\boldsymbol{u}_2\cdot\boldsymbol{u}_2^{\mathrm{H}}+\lambda_3\boldsymbol{u}_3\cdot\boldsymbol{u}_3^{\mathrm{H}} \tag{4-6}$$

式(4-5)中的角度 α、β、φ、δ、γ 与散射机制也有一定的对应关系，各角度的意义如下：①α 表示散射类型，取值范围0°到90°；②β 表示散射物的倾角，取值范围为0°~180°；③φ、δ、γ 表示目标相位角。α 角与散射类型的关系如图4-1所示。

α 角代表的是散射目标内部的自由度，表示散射机制的类型，与目标的朝向无关。当 $\alpha=0°$ 时，散射目标为一个各向同性面（图4-1左侧），此时的散射矩阵为 $\begin{bmatrix}1 & 0\\ 0 & 1\end{bmatrix}$；随着 α 的增大，散射面逐渐变成各向异性的，此时 $\boldsymbol{s}_{\mathrm{HH}}\neq\boldsymbol{s}_{\mathrm{VV}}$；当 $\alpha=45°$ 时，为图4-1中间位置所示的偶极子散射，在该散射机制中偶极子的朝向由 β 决定；$\alpha>45°$ 时，对应的地面散射目标为 $\boldsymbol{s}_{\mathrm{HH}}$ 与 $\boldsymbol{s}_{\mathrm{VV}}$ 的相位差是180°的二面角；$\alpha=90°$ 时（图4-1右侧），得到的散射矩阵为第二个Pauli矩阵，即 $\begin{bmatrix}1 & 0\\ 0 & -1\end{bmatrix}$。

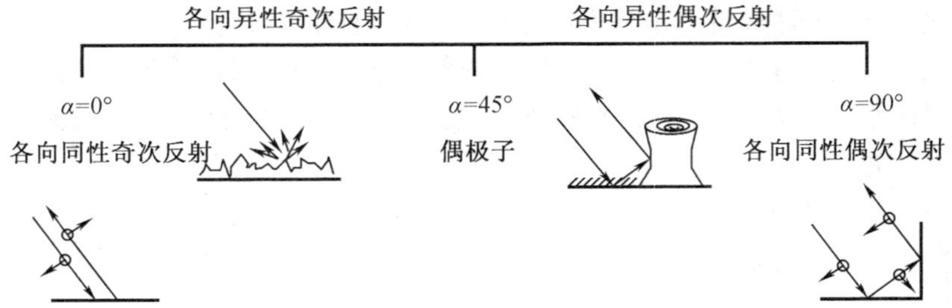

图4-1　α角与散射类型的关系

极化雷达图像分类时,用的往往是平均散射机制角 $\bar{\alpha}$,即

$$\bar{\alpha}=p_1\alpha_1+p_2\alpha_2+p_3\alpha_3 \tag{4-7}$$

其中,$p_i(i=1,2,3)$按照式(4-2)定义,$\alpha_i(i=1,2,3)$按照式(4-5)定义。

按照上面的分类方法分别计算得到的塔河地区2007年5月份全极化PALSAR图像的散射机制角 α 和散射熵 H 如图4-2所示。

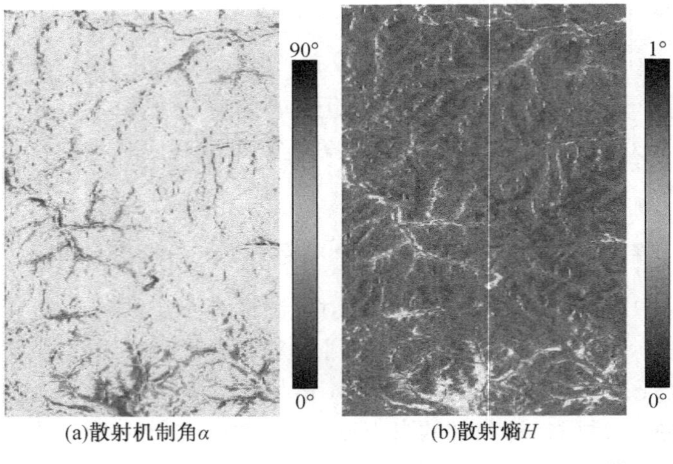

图4-2　塔河地区2007年5月雷达图像散射机制角 α 和散射熵 H

图4-2(a)表明:ALOS PALSAR全极化雷达图像在森林地区的散射机制角大部分为40°~50°,说明在该地区体散射占据主导地位,这和该地区植被覆盖完整相符。

图4-2(b)表明:ALOS PALSAR全极化雷达图像在森林地区散射熵总体偏高,在整幅影像上除了裸露地表和河流的散射熵低于0.5外,其他区域的散射熵大部分都大于0.7,主要原因是植被覆盖地区具有高度各向异性行为的散射元构成

的散射面，造成散射熵的增加；图 4－2 也表明树木、枝干和树冠发育完整的植被区域熵值总体偏高。

将散射熵 H 和散射机制角 α 结合起来可以对雷达图像进行分类，这两个参数可以构成一个具有 9 个基本区域并能够代表 9 类不同散射行为的分类面，如图 4－3 所示。

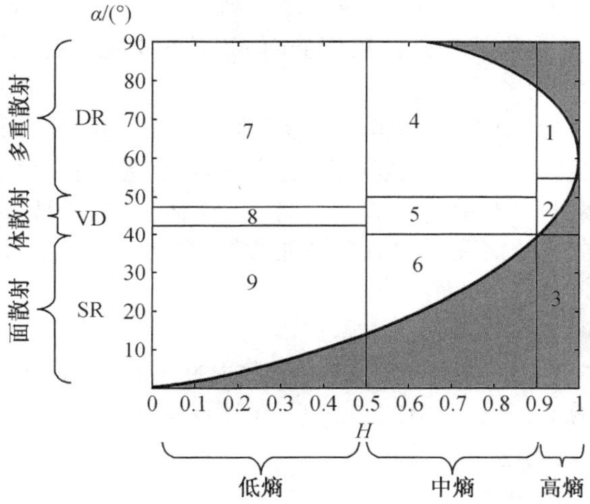

图 4－3 H/α 分类平面

下面，从左到右分别介绍 H/α 分类平面中九个区域对应的散射机制。

（1）区域 9：低熵面散射

此时：$0° \leqslant \alpha \leqslant 42.5°$，$0 \leqslant H \leqslant 0.5$。该区比较有代表性的地物目标是冰面、水面以及非常光滑的陆面，此时对应的是物理光学面散射机制、几何光学面散射机制、未在水平同极化和垂直同极化间引起相位反转的散射机制和布拉格面散射机制等。

（2）区域 8：低熵偶极子散射

此时：$42.5° < \alpha \leqslant 47.5°$，$0 \leqslant H \leqslant 0.5$。该区表示在 HH 和 VV 通道幅度上具有很大不平衡的强相关散射机制，如强相关朝向的各向异性散射元的植被散射，以及独立的偶极子散射机制。这个区域的宽度可由雷达定标的精度来确定。

（3）区域 7：低熵多次反射

此时：$47.5° < \alpha \leqslant 90°$，$0 < H < 0.5$。此时比较有代表性的地物散射目标是孤立的绝缘的或金属性二面角散射物，对应奇数次或偶数次反射的散射机制，地物散射目标的介电常数以及雷达本身的测量精度决定着该区域的边界。

(4)区域6:中等熵面散射

此时:$0° \leqslant \alpha \leqslant 40°$,$0.5 < H \leqslant 0.9$。该区表示由于散射面粗糙度的增加而引起的散射熵的增加,比较有代表性的地物散射目标是类似树叶的散射体;在面散射理论中低频散射和高频散射的熵都为0;介于这两类散射极限之间,由于二级波传播的物理特性和散射机制的影响,当地物目标散射表面的粗糙度变化时,散射熵会增加。

(5)区域5:中等熵植被散射

此时:$40° < \alpha \leqslant 50°$,$0.5 < H \leqslant 0.9$。该区域表示的主要散射机制是偶极子散射。这个区域包含的地物类型是植被覆盖面,散射面中包含各向异性散射元等。

(6)区域4:中等熵多重散射

此时:$50° < \alpha \leqslant 90°$,$0.5 < H \leqslant 0.9$。该区域表示的主要是二面角散射,此时的二面角具有中等散射熵。代表散射类型是市区和穿透树冠后地面与树干间的散射,因为市区有密集的多次散射中心。另外,在森林中,电磁波穿过树冠后会发生双反射散射机制,在这种情况下树冠会增加散射熵的大小,尤其是对L波段和P波段的电磁波。

(7)区域3:高熵面散射

此时:$0° \leqslant \alpha \leqslant 40°$,$0.9 < H \leqslant 1$。这一类散射并不在$H/\alpha$分类平面的合理区域内,因为随着熵的增加,分类能力越来越差,无法区分熵$H > 0.9$的面散射。这也说明了雷达极化对低熵问题更有效。

(8)区域2:高熵植被散射

此时:$40° < \alpha \leqslant 55°$,$0.9 < H \leqslant 1$。该区域对应的散射机制是森林树冠对应的散射和具有高度各向异性行为的散射元构成的散射面对应的散射,比较有代表性的地物散射目标是一团低损耗对称粒子或一团各向异性的针状粒子。在熵值较高的情况下,高熵植被散射对应的分类面上的区域通常比较小。由于熵值比较高,该区域对应的地物类别很可能是一些不存在任何极化信息的噪声。

(9)区域1:高熵多次散射

此时:$55° < \alpha \leqslant 90°$,$0.9 < H \leqslant 1$。此时地物散射目标的散射熵比较高,大于0.9,但仍可以区分出双反射散射机制,如粗壮的树木、枝干和树冠发育完整的植被区域以及某些建筑物等的多重散射。

对塔河地区2007年5月份全极化PALSAR图像按照上述H/α分类方法进行分类,把整幅图像分成8类,分类效果和H/α分类平面如图4-4所示,分类图例中黑色对应的是区域3中不可能出现的散射物。

由图4-4可知,在塔河地区的PALSAR影像上高熵植被散射、中等熵植被散射和中等熵面散射占据主导地位,后向散射类型比较单一。这和该地区大多数地方都被植被覆盖,少数地方是裸露地表,其他地物比较少有关。因此,H/α分类面上后向散射分布比较集中,主要集中在H/α分类平面的9区、6区、5区和2区,7区和8区没有相对应的散射机制。图 4 -4 也有效说明了以上九个区域的散射机制。

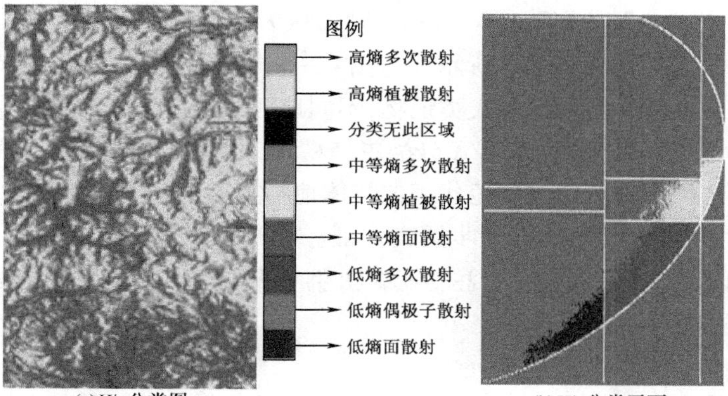

(a)H/α分类图　　(b)H/α分类平面

图 4 -4　塔河地区 PALSAR H/α 分类图和 H/α 分类平面

4.1.2　$H/A/\alpha$ 分类

现在引入另外一个参数，即各项异性度 A，即

$$A = \frac{\lambda_2 - \lambda_3}{\lambda_2 + \lambda_3} \tag{4-8}$$

其中，λ_2、λ_3 由式(4 -4)对 $\boldsymbol{T}$ 矩阵的特征分解得到。如果 $\lambda_2 = \lambda_3$，则 $A = 0$。有两种情况可能导致这种状态：一种情况是散射机制是随机的，三个特征值的大小几乎相等；另一种情况是某种散射机制绝对占优，导致第二和第三个特征值都接近于零。因此，参数 A 有助于判断散射机制，它与参数 H 和 α 联合起来，可以组成如图 4 -5 所示的分类空间。

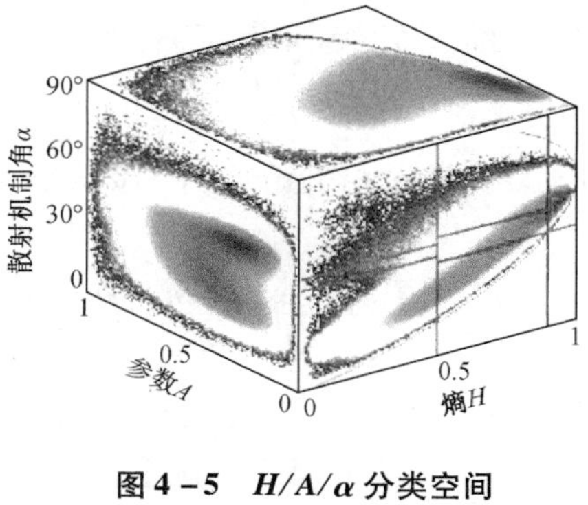

图 4 -5　$H/A/\alpha$ 分类空间

从图4-5可以看出该分类空间是在 H/α 分类平面上又加了一维，由于各项异性度 A 的范围可以一分为二，即0~0.5和0.5~1，在 H/α 分类平面上的8类就变成了 $H/A/\alpha$ 分类空间上的16类。塔河地区2007年5月份全极化PALSAR图像的 $H/A/\alpha$ 分类结果如图4-6(b)所示。与图4-6(a)相比可以看出，H/α 分类结果是属于具有同一散射特性的一大类地物，不同地区之间的区分性欠佳；由于 $H/A/\alpha$ 分类方法增加了一个维度，比 H/α 分类更加精细，能更有效地区分各种地物类型。但是分出的结果中究竟每种颜色代表的具体地物类型是什么由于缺少相关参考还无法具体描述，需要现场的进一步调查取证。不过可以肯定的是每种颜色代表的类别都有相同的散射机制。（注：本章图例中的 $C_1,C_2,\cdots,C_n$ 分别代表类别(Class)1、类别2…、类别 n）

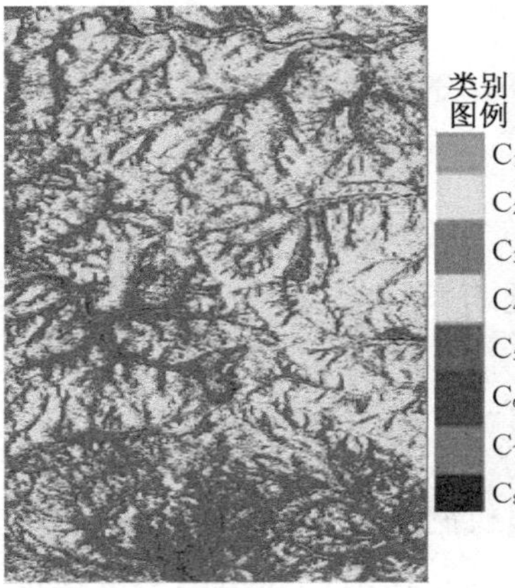

(a)H/α分类结果

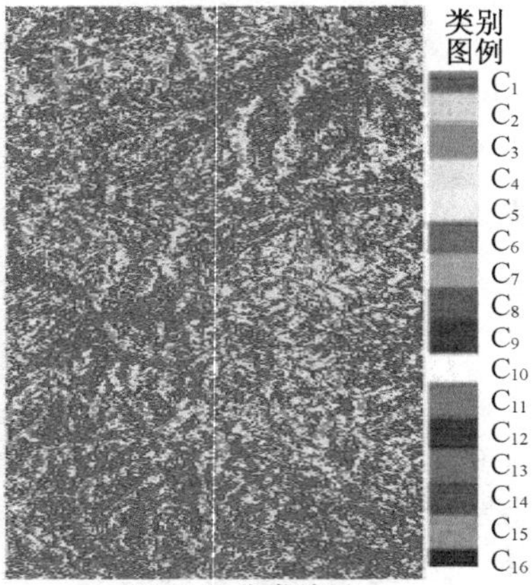

(b)$H/A/\alpha$分类结果

图4-6　H/α 分类结果和 $H/A/\alpha$ 分类结果

4.1.3　Wishart ML 监督分类和非监督分类

1. Wishart ML 监督分类

在多视情况下，均匀地表的散射相关矩阵 $\langle \boldsymbol{T} \rangle$ 服从复 Wishart 分布，其概率密度函数为

$$p_{\mathrm{T}}^{(n)}(\langle \boldsymbol{T} \rangle) = \frac{n^{qn} |\langle \boldsymbol{T} \rangle|^{n-q} \exp[-n \cdot Tr(V^{-1}\langle \boldsymbol{T} \rangle)]}{K(n,q)|V|^{n}} \tag{4-9}$$

其中，$K(n,q)=\pi^{\frac{1}{2}q(q-1)}\Gamma(n)\cdots\Gamma(n-q+1)$，$\Gamma(n)=(n-1)!$；$K$ 为常数，是归一化因子；$V=E[\langle \boldsymbol{T} \rangle]$；对互易介质在后向散射情况下，有 $q=3$；n 为视数。

根据最大似然分类器的定义，有以下判断准则：

如果对于所有的 $j \neq m$，$P(\omega_m | \langle \boldsymbol{T} \rangle) \geqslant P(\omega_j | \langle \boldsymbol{T} \rangle)$，则目标属于类 ω_m，ω_m 是属于第 m 类的像素点集。

对上述判决准则应用贝叶斯公式，即

$$P(\omega_m | \langle \boldsymbol{T} \rangle) = \frac{p(\langle \boldsymbol{T} \rangle | \omega_m) P(\omega_m)}{p(\langle \boldsymbol{T} \rangle)} \tag{4-10}$$

可得以下判决准则：

如果对于所有的 $j \neq m$，都有 $p(\langle \boldsymbol{T} \rangle | \omega_m) P(\omega_m) > p(\langle \boldsymbol{T} \rangle | \omega_j) P(\omega_j)$，则目标属于类 ω_m，其中 $P(\omega_m)$ 为类 ω_m 的先验概率。

如果把极化雷达图像每一类的平均散射相关矩阵设为 $\boldsymbol{V}_m$，则 ω_m 的特征散射相关矩阵 $\boldsymbol{V}_m$ 可以用第 m 类 ω_m 的训练样本来估计，即

$$\boldsymbol{V}_m = E[\langle \boldsymbol{T} \rangle | \langle \boldsymbol{T} \rangle \in \omega_m] \tag{4-11}$$

则任意一个目标 $\langle \boldsymbol{T} \rangle$ 到类 ω_m 的距离为

$$d_2(\langle \boldsymbol{T} \rangle, \omega_m) = n[\ln |\boldsymbol{V}_m| + \boldsymbol{T}r(\boldsymbol{V}_m^{-1} \langle \boldsymbol{T} \rangle) - \ln P(\omega_m)] \tag{4-12}$$

类 ω_m 的先验概率通常无法事先获得，所以假设极化雷达图像中所有类的先验概率 $P(\omega_m)$ 都相等，此时任意一个目标 $\langle \boldsymbol{T} \rangle$ 到类 ω_m 的距离可以等效为

$$d_2(\langle \boldsymbol{T} \rangle, \omega_m) = \ln |\boldsymbol{V}_m| + \boldsymbol{T}r(\boldsymbol{V}_m^{-1} \langle \boldsymbol{T} \rangle) \tag{4-13}$$

式(4－13)表明此时目标 $\langle \boldsymbol{T} \rangle$ 到类 ω_m 的距离与视数无关，因此可得如下用该距离表示的判决准则：

如果对于所有的 $j \neq m$，都有

$$d_2(\langle \boldsymbol{T} \rangle, \omega_m) \leqslant d_2(\langle \boldsymbol{T} \rangle, \omega_j) \tag{4-14}$$

则该目标属于类 ω_m。

Wishart ML 监督分类方法属于统计分类器，可以较好地保存地物场景的细节信息，该方法是对极化雷达图像中的像素进行逐一处理。Wishart ML 监督分类方法还具有物理意义明确、设计形式简单等优点。

本书根据以上分类方法对塔河地区 2007 年 5 月份 ALOS PALSAR 全极化雷达影像进行监督分类，监督分类训练区域通过参考谷歌地图该区域影像图选取了水域、林地、裸地和半植物地带四种(图 4－7(b))。

通过对分类结果(图 4－7(a))和谷歌地图参考图的对比，发现 Wishart ML 监督分类具有较高的精度，地物较少时也能够很好地区分不同的地物。分类结果混淆矩阵见表 4－1，通过混淆矩阵和训练样本选择的区域位置可以看出，在全极化雷达数据 Wishart ML 监督分类中当训练样本较少时，分类结果精度较低(如图 4－7 中的半植物地分类结果)，这主要是因为训练样本集的地物信息不够精确，范围不够广。为了获取更高的分类精度，样本选择时需要多选择一些样本。在地物比

较丰富的地区，进行监督分类时如果样本选择的地物信息不够精确通常会导致分类精度低。

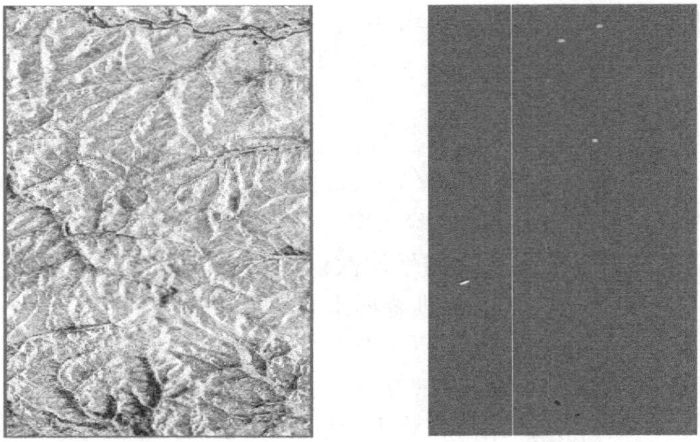

(a)分类结果 (b)训练样本

水域 林地 地表 半植物地

图 4-7 Wishart ML 监督分类结果、训练样本区域

表 4-1 分类结果混淆矩阵

矩阵	C_1	C_2	C_3	C_4
C_1	89.40	1.62	8.54	0.44
C_2	2.03	86.77	7.43	3.77
C_3	5.57	6.67	78.46	9.30
C_4	1.35	8.87	28.03	61.75

2. 非监督 Wishart ML 分类

在没有先验知识的情况下进行分类可以进行非监督 Wishart ML 分类，这种分类方法通过利用遥感图像数据的不同特性，尽可能地分离出属于同一类型的像素点，此时类别的个数由分类器来确定。该方法以 H/α 分类的结果为训练集，按式(4-15)计算 $\boldsymbol{V}_m$：

$$\boldsymbol{V}_m = \frac{1}{n_m}\sum_{i=1}^{1}\langle \boldsymbol{T}\rangle_i, \forall\langle \boldsymbol{T}\rangle_i \in \omega_m \tag{4-15}$$

然后根据式(4-13)计算遥感图像像素到每一类 ω_m 的距离，通过式(4-14)的贝叶斯最大似然分类器判决准则对该遥感图像的像素重新分类，再根据重新分类后的遥感图像更新平均散射相关矩阵；对图像按照以上方法再次分类，如此迭代分类直到分类结果满足设定的某个标准为止。

由于类别过多不利于对每一类的特性进行理解，因此需要把分类结果中分离度最小的两个类合并成一个类。如果分类结果中某两个类像素之间的平均距离很大但类比较紧凑，则这两个类可以分开。类间距离与其类内离散度之比称为类 $\boldsymbol{V}_i$ 和 $\boldsymbol{V}_j$ 之间的可分度，像素到(3×3)类中心的特征散射相关矩阵 $\boldsymbol{V}_i$ 之间的平均距离称为 $\boldsymbol{V}_i$ 的类内离散度 W_i，即

$$W_i = \frac{1}{n_i}\sum_{k=1}^{n_i} d[(\langle \boldsymbol{T}\rangle_k \in \boldsymbol{V}_i), \boldsymbol{V}_i] = \ln|\boldsymbol{V}_i| + 3 \tag{4-16}$$

若将分类所得类集中某类 $\boldsymbol{V}_i$ 内像素到另一类 $\boldsymbol{V}_j$ 中心的 $\boldsymbol{V}_m$ 之间的平均距离定义为类间平均距离 B_{ij}，即

$$\begin{aligned} B_{ij} &= \frac{\frac{1}{n_i}\sum_{k=1}^{n_i} d[(\langle \boldsymbol{T}\rangle_k \in \boldsymbol{V}_i), \boldsymbol{V}_i] + \frac{1}{n_j}\sum_{k=1}^{n_j} d[(\langle \boldsymbol{T}\rangle_k \in \boldsymbol{V}_j), \boldsymbol{V}_j]}{2} \\ &= \frac{W_i + W_j + Tr(\boldsymbol{V}_i^{-1}\boldsymbol{V}_j + \boldsymbol{V}_j^{-1}\boldsymbol{V}_i)}{2} \end{aligned} \tag{4-17}$$

则类 $\boldsymbol{V}_i$ 和 $\boldsymbol{V}_j$ 的可分度 $Sp(\boldsymbol{V}_i, \boldsymbol{V}_j)$ 为

$$Sp(\boldsymbol{V}_i, \boldsymbol{V}_j) = \frac{B_{ij}}{W_i + W_j} \tag{4-18}$$

分类后所得类集可以根据最低可分度 $Sp(\boldsymbol{V}_i, \boldsymbol{V}_j)$ 利用迭代算法进行类的聚合，如此迭代分类直到分类结果满足设定的某个标准（如迭代次数）为止。

根据以上方法，首先用极化分解的方法（H/α 分类）对地物进行初步分类，然后将这些初步分类后的像素点作为训练样本集进行 Wishart ML 分类。对塔河地区 2007 年 5 月份的全极化 PALSAR 雷达图像做 H/α 分类得到的结果如图 4-8(a)所示，然后以分类后各类别作为训练样本集进行迭代，得到的非监督 Wishart H/α 和 $H/A/\alpha$ 分类结果如图 4-8 所示。

由图 4-8 可知，非监督 Wishart ML 分类比 H/α 分类结果的类别边界更清楚，同类区域间具有良好的连贯性。在没有先验知识的情况下可以进行非监督 Wishart ML 分类，非监督 Wishart ML 分类精度比单纯的 H/α 分类精度高，一些在 H/α 分类中无法区分的地物非监督 Wishart ML 分类也能很好地区分开。无论是非监督 Wishart H/α 分类结果还是和 $H/A/\alpha$ 分类结果，每种颜色代表的地物都具有相同的散射机制。

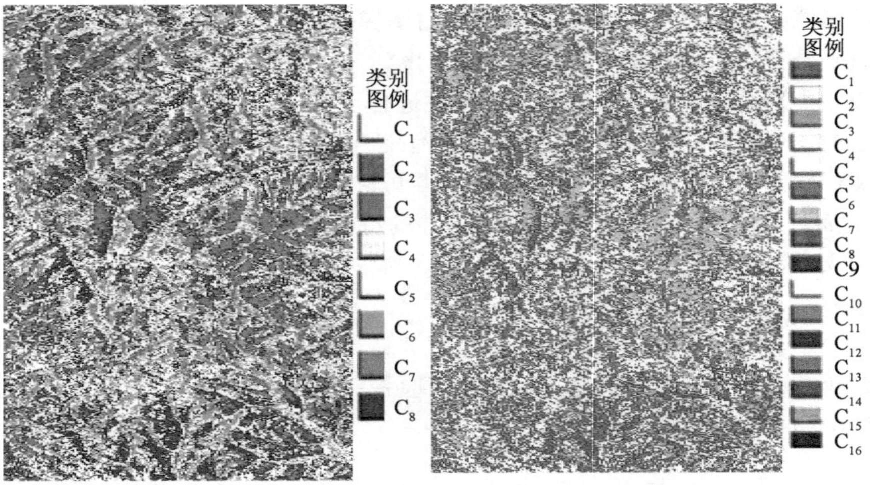

(a)非监督Wishart H/α分类结果　　(b)非监督Wishart $H/A/\alpha$分类结果

图 4－8　非监督 Wishart H/α 分类结果和非监督 Wishart $H/A/\alpha$ 分类结果

4.2　极化雷达干涉图像分类

极化雷达干涉图像分类的基础是两幅干涉图像对的相关系数，通过对相关系数的分析可以获得不同的地物类别。因为在进行两次观测的时间间隔内，分辨单元散射机理物理特征、散射几何关系和媒质传播特性的变化都会引起两幅图像对的时间去相关，从而相关系数的大小也会受到影响；另外，用于干涉处理的两幅图像对之间的相关系数是与电磁波的极化方式有关的，极化雷达干涉的最优相干分解所得结果将有助于对地物目标散射机理的理解。因而可以根据干涉相关系数来对地物进行分类，并有望得到很好的分类结果。

下面是利用极化干涉信息基于非监督 Wishart ML 分类进行非监督分类的方法和实验结果。

两幅雷达图像经过多视处理后可以得到一个 6×6 极化干涉相干矩阵，该干涉相干矩阵可以表示为

$$\langle \boldsymbol{T}_6 \rangle = \frac{1}{n}\sum_{i=1}^{n} \boldsymbol{w}_i \boldsymbol{w}_i^{*\mathrm{T}} = \begin{bmatrix} \langle \boldsymbol{T}_{11} \rangle & \langle \boldsymbol{\Omega}_{12} \rangle \\ \langle \boldsymbol{\Omega}_{12} \rangle^{*\mathrm{T}} & \langle \boldsymbol{T}_{22} \rangle \end{bmatrix} \tag{4－19}$$

其中

$$\boldsymbol{w}=\begin{bmatrix}\boldsymbol{k}_1\\ \boldsymbol{k}_2\end{bmatrix}$$

其中，$\boldsymbol{k}_1$ 为第一幅图像的散射矢量。式(4－19)中的；$\boldsymbol{k}_2$ 为第二幅图像的散射矢量。式(4－19)中的 n 为视数。

该极化干涉相干矩阵服从复 Wishart ML 分布，其概率密度函数可以定义为

$$p(\langle \boldsymbol{T}_6\rangle)=\frac{|\langle \boldsymbol{T}_6\rangle|^{n-6}\exp(-n\cdot Tr(\sum_w^{-1}\langle \boldsymbol{T}_6\rangle))}{K(n,6)\left|\sum_w\right|^n} \tag{4-20}$$

其中，$K(n,6)$为一常数；$\sum_w$ 为 6×6 的相关矩阵，$\sum_w=E(\boldsymbol{w}_i\boldsymbol{w}_i^{*\mathrm{T}})$。

通过为极化雷达干涉所得相关矩阵$\langle \boldsymbol{T}_6\rangle$按类似于4.1.3节的分析定义一个贝叶斯最大似然分类器判决准则，然后对极化干涉雷达图像进行分类可知：

如果对所有的极化干涉雷达图像中的像素 $j\neq m$，都有 $d(\langle \boldsymbol{T}_6\rangle,X_m)\leqslant d(\langle \boldsymbol{T}_6\rangle,X_j)$，则该像素属于类别 X_m。

上面判决准则中的距离定义为

$$d(\langle \boldsymbol{T}_6\rangle,X_m)=\ln\left|\sum_m\right|+Tr(\sum_m^{-1}\langle \boldsymbol{T}_6\rangle) \tag{4-21}$$

式中

$$\sum_m=\frac{1}{n_m}\sum_{i=1}^{n_m}\langle \boldsymbol{T}_6\rangle_i,\ \forall\langle \boldsymbol{T}_6\rangle_i\in X_m \tag{4-22}$$

$\sum_{\mathrm{m}}$ 为属于类别 $\mathrm{X_m}$ 的所有像素的极化干涉相关矩阵的平均值；$\mathrm{n_m}$ 为类 $\mathrm{X_m}$ 中的像素个数。

极化干涉非监督 Wishart ML 分类过程中同样需要根据类内离散度 W_i 和类间平均距离 B_{ij}进行类的聚合。类内离散度 W_i 和类间平均距离 B_{ij}的定义分别见式(4－23)和式(4－24)：

$$W_i=\frac{1}{n_i}\sum_{k=1}^{n_i}d[(\langle \boldsymbol{T}_6\rangle_k\in X_i),X_i]=\ln\left|\sum_i\right|+6 \tag{4-23}$$

$$\begin{aligned}B_{ij}&=\frac{\frac{1}{n_i}\sum_{k=1}^{n_i}d[(\langle \boldsymbol{T}_6\rangle_k\in X_i),X_i]+\frac{1}{n_j}\sum_{k=1}^{n_j}d[(\langle \boldsymbol{T}_6\rangle_k\in X_j),X_j]}{2}\\&=\frac{W_i+W_j+Tr(\sum_i^{-1}\sum_j+\sum_j^{-1}\sum_i)}{2}\end{aligned} \tag{4-24}$$

综上，极化干涉非监督 Wishart ML 分类主要步骤如下：

(1)对用于干涉的两幅图像中的一幅极化图像进行非监督 Wishart ML 分类，

然后对两幅干涉图像对进行最优相干分解，并根据其点在 $H_{lnt}-A_{lnt}$ 平面上的分布进行分类，分别得到 m_1 类和 m_2 类分类结果。

(2)进行类的合并，得到 $N(N=m_1\times m_2)$ 类分类结果，具体做法是将属于 m_1 类中的 X_{1i} 类且属于 m_2 类中的 X_{2j} 类的像素分到合类 $X_{i+m_1\cdot(j-1)}$ 中。

(3)用公式 $\sum_k=\frac{1}{n_k}\sum_{i=1}^{n_k}\langle\boldsymbol{T}_6\rangle_i, \forall\langle\boldsymbol{T}_6\rangle_i\in X_k$ 计算每一类 X_k 的 6 阶特征协方差矩阵。

(4)通过最小 $d(\langle\boldsymbol{T}_6\rangle,X_m)$ 距离法将每个像素归类。

(5)按照类内离散度和类间平均距离进行类的聚合；否则转到第(3)步继续进行计算每一类 X_k 的 6 阶特征协方差矩阵。

极化干涉分类的流程如图 4-9 所示。

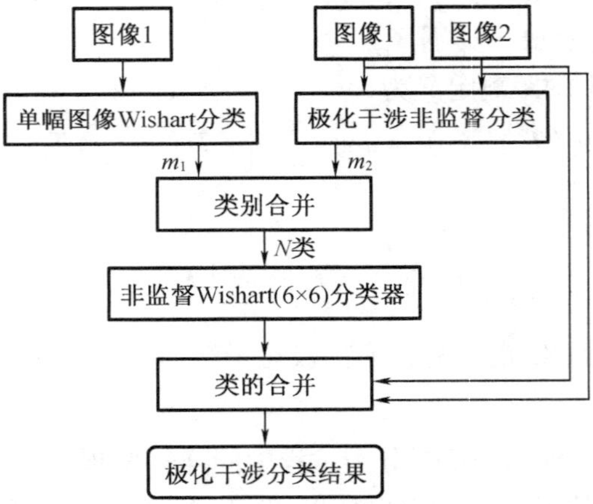

图 4-9　极化干涉分类流程图

根据极化干涉分类流程，本章对塔河地区极化干涉结果进行了分类，由于干涉处理后得到的结果数据量呈指数级增长(如两景影像各 42 MB，经过所有处理后生成的结果数据为 895 MB)，并且运算时间较长，为了提高干涉运行的速度，对塔河地区 ALOS PALSAR 的两景影像分别在多视图上选取了相对具有代表性的 224 × 1 121像素大小区域(图 4-10)，该区域有河流、裸露地表和植被等，地物特征明显；按图 4-9 分类流程进行极化干涉非监督 Wishart ML 分类，得到的结果如图 4-11 和图 4-12 所示。

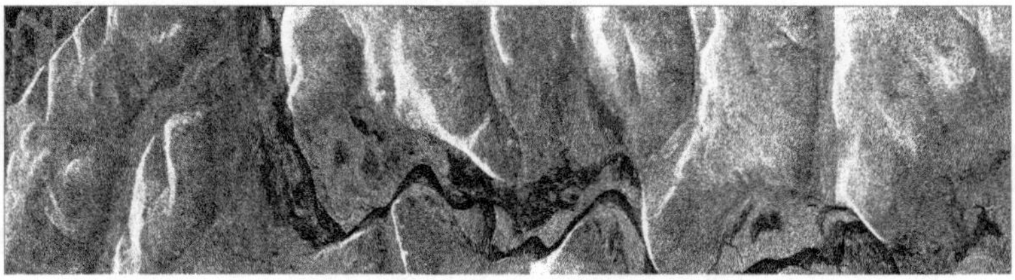

(a)2007年11月7日影像(Pauli影像)

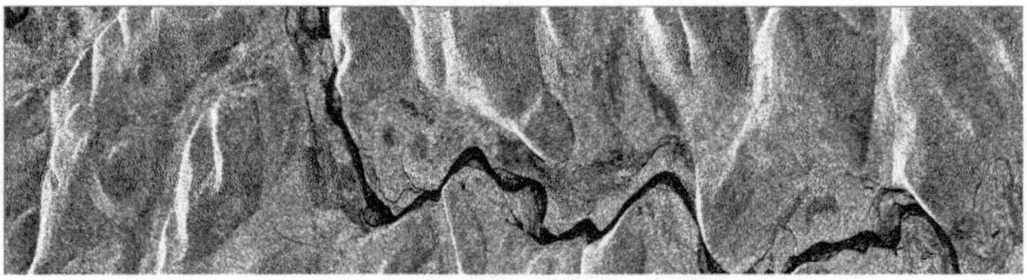

(b)2007年5月7日影像(Pauli影像)

图 4－10　选择区域对应的影像

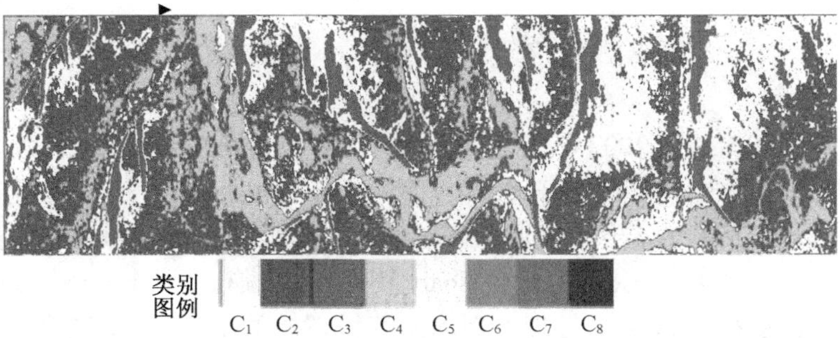

图 4－11　极化干涉非监督 Wishart H/α 分类结果(8 类)

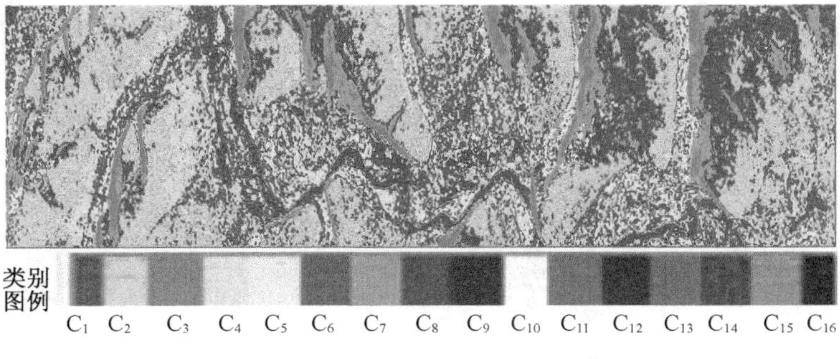

图 4－12　极化干涉非监督 Wishart $H/A/\alpha$ 分类结果(16 类)

由极化干涉非监督 Wishart H/α 分类结果(8 类)和非监督 Wishart $H/A/\alpha$ 分类结果(16 类)可以看出,对于 ALOS PALSAR 全极化影像,在高植被覆盖的山区,以上两类方法均能有效分类出具有相同坡度、坡向的地类;同时对山谷裸露地带、河流的区分性也较强。图 4-12 表明了这两种分类方法都具有聚类性较强(如在 H/α分类结果中河边裸露地表与河流被划分到同一类别中)、类间边界明显等特点。同时,图 4-12 也说明了对于 ALOS PALSAR 全极化影像应用极化干涉非监督分类法得到的结果可以满足用户不同的需要。

从极化干涉非监督 Wishart H/α 分类结果和非监督 Wishart $H/A/\alpha$ 分类结果可以看出,这两种方法得到的分类结果优于 H/α 分类和 $H/A/\alpha$ 分类。基于极化干涉的分类方法能够有效区分不同散射机制对应的地物,如图 4-11 所示,面散射、体散射和偶次反射间都有明确的界线。

需要说明的是,做干涉用到的数据由于受到时间去相干等因素的影响干涉效果并不是很理想,但是从上面的分类结果可以看出,即使干涉效果不是很理想,极化干涉非监督分类方法也能有效区分不同散射机制,表现出较强的适应性。

4.3 本章小结

本章基于塔河地区 2007 年 5 月份全极化 PALSAR 数据,对基于机载 SAR 数据发展起来的分类方法在星载 SAR 数据方面的适用性进行了分析,对极化图像分类方法(H/α 分类、$H/A/\alpha$ 分类、非监督 Wishart ML 分类和监督 Wishart ML 分类)、极化雷达干涉图像分类方法(非监督 Wishart ML 分类)进行了比较分析,研究结果表明以上方法在星载 SAR 数据处理方面均能获得理想的结果,其中极化干涉非监督 Wishart ML 分类具有较强的适应性,并且类间边界比较明显,与其他方法相比该方法属于最优的。本章分类得到的结果属于类型信息,是具有相同散射机制的一大类特征,这些类型信息为获取该地区优势树种(如针叶林、阔叶林)的植被参数提供了数据基础,同时为森林资源的开发和利用提供了参考,并且根据分类结果可以进行以下应用:森林类型识别、森林制图、森林调查、圈画森林砍伐区和火灾的区域、森林生物量估算等。

第5章　基于极化雷达干涉测量的植被特性分析及林分高度估算

极化雷达干涉测量在偏远地区的植被特性测量方面具有重要作用,如估测树林的高度和生物量;同时还被应用到农业未来应用发展、冰雪厚度监测、城市建筑物的高度和结构测量等。极化雷达干涉测量技术融合了两种不同的雷达技术:极化和干涉。其中,极化是通过发射和接收来自不同方向、形状和材料等形成的后向散射信息,生成 2×2 的散射矩阵 $[\boldsymbol{S}]$,从该散射矩阵中可以获得像素的不同极化响应,如 *HH*、*HV*、*VH*、*VV* 干涉则是利用来自空间的两个独立信号提取相位差或干涉信息,在雷达系统中可以通过双天线单轨纵向模式(*along - track interferometry*)(该模式在同一飞行平台上安置两幅天线,但是天线顺着平台飞行轨道来安装)、单轨双天线横向模式(*across - track interferometry*)(该模式在同一飞行平台上按一定间隔安装两幅天线,基线方向与飞行方向正交,一次飞行就可以获得干涉像对)。

极化雷达干涉原理利用的是信号的相干性而不是后向散射能量。极化雷达干涉和传统意义上的干涉不同,因为它能够产生任意发送/接收极化方式的干涉,极化方式不同干涉也随之改变,干涉数据中不仅包含了通常的幅度信息,还包含了相干性信息、相位差信息等,这些信息从多个方面反映了地物的特性,如果能够正确解释这些变化和信息,就可以从中提取生物参数和地球物理参数等。因此将极化和干涉结合起来与单独使用极化或干涉相比能够获得更多的信息,并且极化干涉能够克服单独使用极化或干涉时的弊端。在植被覆盖遥感探测方面,极化干涉的优势更加突出,但在这些地区极化具有高熵值的弊端,干涉质量也取决于各种客观条件,单从数据本身又无法识别,而极化雷达干涉为解决此类问题提供了一个新的方法。因此,本章将对植被覆盖地区极化雷达干涉特性进行详细分析,并对基于极化雷达干涉数据进行树高估算的方法进行研究。

5.1 植被遥感典型问题分析

下面就植被遥感的一些典型问题:无植被覆盖地面反射、随机体散射、面－体混合散射进行分析。

5.1.1 极化雷达干涉无植被覆盖地面散射

无植被覆盖地面散射是一种最简单的情况,假设只有地面散射存在,特点为一系列随机介质的反射,极化可以用相干矩阵 $\boldsymbol{T}$ 表示,见式(5－1)。其干涉(需要进行滤波并假设没有时间和信噪比去相关)特点为只有一个参数:地面相位 φ,即

$$\begin{aligned}\boldsymbol{K} &= \boldsymbol{T}_{11}^{-1}\boldsymbol{\Omega}_{12}\boldsymbol{T}_{11}^{-1}\boldsymbol{\Omega}_{12}^{*\mathrm{T}}\\ &=\begin{bmatrix} t_{11} & t_{12} & 0\\ t_{12}^{*} & t_{22} & 0\\ 0 & 0 & t_{33}\end{bmatrix}^{-1} \mathrm{e}^{\mathrm{i}\varphi}\begin{bmatrix} t_{11} & t_{12} & 0\\ t_{12}^{*} & t_{22} & 0\\ 0 & 0 & t_{33}\end{bmatrix}\cdot\begin{bmatrix} t_{11} & t_{12} & 0\\ t_{12}^{*} & t_{22} & 0\\ 0 & 0 & t_{33}\end{bmatrix}^{-1} \mathrm{e}^{-\mathrm{i}\varphi}\begin{bmatrix} t_{11} & t_{12} & 0\\ t_{12}^{*} & t_{22} & 0\\ 0 & 0 & t_{33}\end{bmatrix}\\ &=\begin{bmatrix} 1 & 0 & 0\\ 0 & 1 & 0\\ 0 & 0 & 1\end{bmatrix}\end{aligned} \tag{5-1}$$

通过相乘,可以看出矩阵 $\boldsymbol{K}$ 只是一个 3×3 的单位矩阵。这说明所有的极化具有相同的干涉相干性,即干涉极化雷达在地面散射问题中占据非主要位置。但在实际应用中该情况并不适用,主要有以下两方面原因:在实际应用中具有极化信噪比去相关;在雷达干涉地表参数定量估测中信噪比相干性随极化而改变。假设来自地面的散射发生在一个比较薄的层内,如果有雷达信号明显地渗透到地面下时将会产生体散射,并导致体去相关效应。这些现象在陆地冰面探测和积雪研究中已被发现,这些陆地表面没有植被覆盖,但是覆盖了一低损耗散射层。式(5－1)揭示了在无植被覆盖地面散射极化干涉雷达散射占据次要位置。对于自然陆地表面应用来说更需关注的是研究由植被覆盖而导致的体散射。

5.1.2 极化雷达干涉随机体散射

在体散射情况下我们只考虑随机体散射,其具有宏观方位角对称性。在这种情况下极化相干矩阵 $\boldsymbol{T}$ 是对角阵。由于我们要关注的是 $\boldsymbol{\Omega}_{12}$ 的干涉相位,此时需要考虑由散射体垂直分布导致的体散射去相关。在这种情况下干涉包括由实数积分 I_1 归一化后的复积分 I_2,即

$$
\begin{aligned}
\boldsymbol{K} &= \boldsymbol{T}_{11}^{-1}\boldsymbol{\Omega}_{12}\boldsymbol{T}_{11}^{-1}\boldsymbol{\Omega}_{12}^{*\mathrm{T}} \\
&= \frac{1}{I_1}\begin{bmatrix} \frac{1}{t_{11}} & 0 & 0 \\ 0 & \frac{1}{t_{22}} & 0 \\ 0 & 0 & \frac{1}{t_{33}} \end{bmatrix} I_2 \begin{bmatrix} t_{11} & 0 & 0 \\ 0 & t_{22} & 0 \\ 0 & 0 & t_{33} \end{bmatrix} \frac{1}{I_1}\begin{bmatrix} \frac{1}{t_{11}} & 0 & 0 \\ 0 & \frac{1}{t_{22}} & 0 \\ 0 & 0 & \frac{1}{t_{33}} \end{bmatrix} I_2^* \begin{bmatrix} t_{11} & 0 & 0 \\ 0 & t_{22} & 0 \\ 0 & 0 & t_{33} \end{bmatrix} \\
&= \left|\frac{I_2}{I_1}\right|^2 \begin{bmatrix} 1 & 0 & 0 \\ 0 & 1 & 0 \\ 0 & 0 & 1 \end{bmatrix}
\end{aligned} \tag{5-2}
$$

由式(5－2)可以看出 $\boldsymbol{K}$ 是一个成比例的单位矩阵，其特征值与垂直分布积分比值有关。该比值是体去相干，它揭示了相位变化的增加和地面植被的相位偏差（偏差由植被高度和平均消光系数 σ 确定，见式(5－3)）。

$$
\begin{aligned}
\tilde{\gamma}(\overline{w}) &= \frac{I_2}{I_1} = \frac{\mathrm{e}^{-\frac{2\sigma h_\mathrm{v}}{\cos\theta_0}}\int_0^{h_\mathrm{v}} \mathrm{e}^{\frac{2\sigma z'}{\cos\theta_0}}\mathrm{e}^{\mathrm{i}k_z z'}\mathrm{d}z'}{\mathrm{e}^{-\frac{2\sigma h_\mathrm{v}}{\cos\theta_0}}\int_0^{h_\mathrm{v}} \mathrm{e}^{\frac{2\sigma z'}{\cos\theta_0}}\mathrm{d}z'} = \frac{2\sigma e^{\mathrm{i}\varphi(z_0)}}{\cos\theta_0(\mathrm{e}^{2\sigma h_\mathrm{v}/\cos\theta_0}-1)}\int_0^{h_\mathrm{v}} \mathrm{e}^{\mathrm{i}k_z z'}\ \mathrm{e}^{\frac{2\sigma z'}{\cos\theta_0}}\mathrm{d}z' \\
&= \frac{p\mathrm{e}^{p_1 h_\mathrm{v}}-1}{p_1\mathrm{e}^{p h_\mathrm{v}}-1}
\end{aligned} \tag{5-3}
$$

其中

$$
\begin{cases}
p = \dfrac{2\sigma}{\cos\theta} \\
p_1 = p + \mathrm{i}k_z \\
k_z = \dfrac{4\pi\Delta\theta}{\lambda\sin\theta} \approx \dfrac{4\pi B_n}{\lambda H\tan\theta}
\end{cases}
$$

式中 k_z——垂直干涉波数，是基线与波长比值(B/λ)、传感器高度(H)和入射角(θ)的函数；

$\Delta\theta$——地面像素基线终点对应的角度。

植被特征由高度 h_v 和平均消光系数 σ 决定，这两个系数正是遥感所要关注的。同时还可以看出此时相关性与极化相互独立，$\boldsymbol{K}$ 有三个特征值，极化雷达干涉在随机体散射中占据非主要位置。但该观点并不适用于有向体散射，因为此时具有一些占主导地位的散射元素（如农作物）、基于低频的森林应用都会发生该情况。此时，极化雷达干涉在体散射中占据主导地位，$\boldsymbol{K}$ 具有三个不同的特征向量。在 L 波段或更高频率的森林应用中这些有向影响比较小，此时随机体散射的假设是合理的。

综上，无植被覆盖地表和随机体散射都会导致矩阵 $\boldsymbol{K}$ 特征值的退化，但是如果把这两者结合起来考虑就可以发现极化雷达干涉潜在的用途。

5.1.3 极化雷达干涉之面－体混合散射

通常，如果把面散射和体散射结合起来考虑时，则极化雷达干涉将变得非常重要。在包含地面散射成分的随机方向性 RVOG 模型中，相干性可以如式(5－4)所示。此时，地面相位 φ 和复体相干性 $\tilde{\gamma}_v$ 用一个新的参数 μ 表示，它是有效面积和体散射的比值。$\mu=0$ 时代表只有体散射的情况，$\mu\to\infty$ 时代表只有面散射。其中间值正是我们所关注的，因为此时有一个未知却是常复数的作用，该作用来自体散射和源于表面的极化非独立项。通过分离极化非独立项可以得到相干性，它在复相干平面中是一条直线，即

$$\tilde{\gamma}(\bar{w})=e^{i\varphi}\frac{\tilde{\gamma}_v+\mu(\bar{w})}{1+\mu(\bar{w})}=e^{i\varphi}\left[\tilde{\gamma}_v+\frac{\mu(\bar{w})}{1+\mu(\bar{w})}(1-\tilde{\gamma}_v)\right] \tag{5-4}$$

该直线模型已经成功地在不同的森林数据中得到验证，并且研究结果显示 L 波段和 P 波段的极化雷达干涉更适用于林业方面的应用。图 5－1 至图 5－3 揭示了当沿着该直线调整参数 μ 时相干性如何随之变化的三种主要情况。由图可知，相干性总是由于地表作用先降低，当达到一个转折点后再增加，当 $\mu\to\infty$ 时相干性趋于一致。

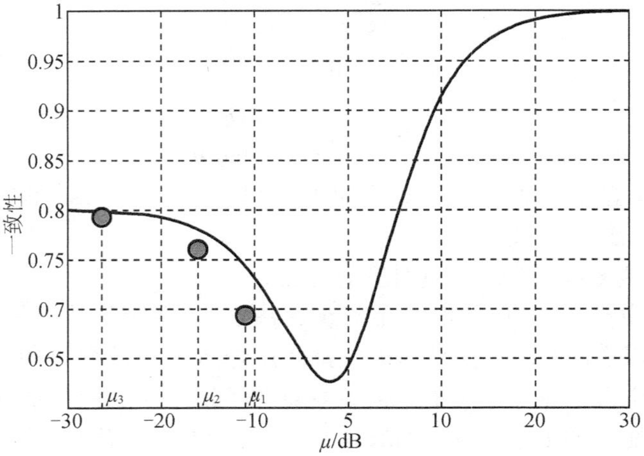

图 5－1 相干值随小 μ 值的变化情况

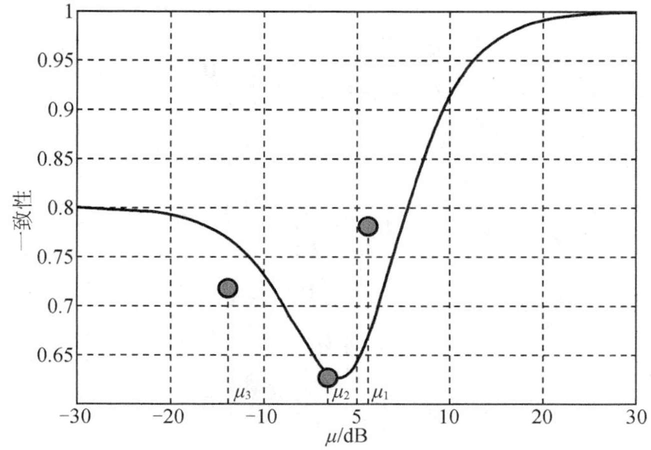

图 5-2 相干值随大 μ 值的变化情况

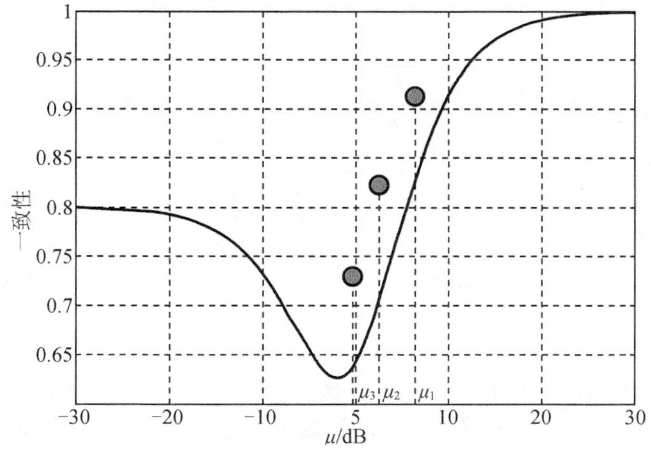

图 5-3 相干值随中等 μ 值的变化情况

由上可以得出两个重要的结论:首先,在面-体混合散射情况下相干性随极化变化,此时优化分析对极化干涉雷达数据处理来说非常重要。其次,不能简单地将最大相干性和 μ 的最大值联系在一起,因为最大和最小 μ 值都可以导致最优相干。

μ 谱极值点的确定是极化中的一个经典问题,称为对比度优化,该问题的解决方法为

$$\boldsymbol{T}_{\mathrm{v}}=ml_1\begin{bmatrix}1&0&0\\0&k&0\\0&0&k\end{bmatrix}\Rightarrow\boldsymbol{T}_{\mathrm{v}}^{-1}=\frac{1}{ml_1}\begin{bmatrix}1&0&0\\0&\frac{1}{k}&0\\0&0&\frac{1}{k}\end{bmatrix}$$

$$\boldsymbol{T}_{\mathrm{s}}=\begin{bmatrix}t_{11}&t_{12}&0\\t_{12}^{*}&t_{22}&0\\0&0&t_{33}\end{bmatrix}$$

$$\boldsymbol{T}_{\mathrm{v}}^{-1}\boldsymbol{T}_{\mathrm{s}}=\frac{1}{I_1m}\begin{bmatrix}t_{11}&t_{12}&0\\\frac{t_{12}^{*}}{k}&\frac{t_{22}}{k}&0\\0&0&\frac{t_{33}}{k}\end{bmatrix}\tag{5-5}$$

通过假设随机体散射和表面反射对称分量,该矩阵特征值可以由式(5-6)得到:

$$\left.\begin{aligned}\mu_1&=\frac{1}{2I_1m}\left(t_{11}+\frac{t_{22}}{k}+\sqrt{\left(t_{11}-\frac{t_{22}}{k}\right)^2+\frac{4|t_{12}|^2}{k}}\right)\\\mu_2&=\frac{1}{2I_1m}\left(t_{11}+\frac{t_{22}}{k}-\sqrt{\left(t_{11}-\frac{t_{22}}{k}\right)^2+\frac{4|t_{12}|^2}{k}}\right)\\\mu_3&=\frac{1}{I_1m}\left(\frac{t_{33}}{k}\right)\end{aligned}\right\}\Rightarrow\left\{\begin{aligned}\gamma_1\mathrm{e}^{\mathrm{i}\delta_1}&=\frac{\mathrm{e}^{\mathrm{i}\varphi_0}(\gamma_{\mathrm{v}}+\mu_1)}{1+\mu_1}\\\gamma_2\mathrm{e}^{\mathrm{i}\delta_2}&=\frac{\mathrm{e}^{\mathrm{i}\varphi_0}(\gamma_{\mathrm{v}}+\mu_2)}{1+\mu_2}\\\gamma_3\mathrm{e}^{\mathrm{i}\delta_3}&=\frac{\mathrm{e}^{\mathrm{i}\varphi_0}(\gamma_{\mathrm{v}}+\mu_3)}{1+\mu_3}\end{aligned}\right.\tag{5-6}$$

该矩阵的特征值表明向量 $\overline{w}$ 应在极化雷达干涉中应予以采用,以确保这些相干性极值。从式(5-6)可以看出最优方案不是某一个单极化通道(如 HH、VV、HV),这也就说明了为什么需要基于全极化数据寻找极化雷达干涉处理的最优方法。

5.2 林分高度反演算法

从式(5-6)中可以看出植被和地表的相干性由几个主要的植被和地表参数所决定。其中最主要的两个参数为平均植被高度和真实地形相位。平均植被高度和真实地形相位也是极化雷达干涉科学研究和商业应用的两个主要方向,同时这两个参数也为植被生物量提取提供了可能。下面介绍基于单基线极化雷达干涉林分高度和地形因子提取的主要原理。

通常通过估算模型参数获得极化雷达干涉产品。在式(5－7)中 M 代表具有参数 $\underline{p}$ 的后向散射模型，$\underline{o}$ 为观测数据，通过对模型求逆获得参数信息，通常表示为

$$\underline{p}=M^{-1}\underline{o} \tag{5-7}$$

模型求逆通常采用最小二乘方法以确保观测值和模型预测值之间的一致性。模型(5－7)在应用中 M 由 RVOG 相干性模型给出，因此式(5－7)可以变形为

$$\left.\begin{aligned}\gamma_1 e^{i\delta_1}&=\frac{e^{i\varphi_0}(\gamma(h_v,\sigma)+\mu_1)}{1+\mu_1}=f_1(\varphi_0,h_v,\sigma)\\ \gamma_2 e^{i\delta_2}&=\frac{e^{i\varphi_0}(\gamma(h_v,\sigma)+\mu_2)}{1+\mu_2}=f_2(\varphi_0,h_v,\sigma)\\ \gamma_3 e^{i\delta_3}&=\frac{e^{i\varphi_0}(\gamma(h_v,\sigma)+\mu_3)}{1+\mu_3}=f_3(\varphi_0,h_v,\sigma)\end{aligned}\right\}\Rightarrow\underline{p}=\begin{pmatrix}\varphi_0\\h_v\\\sigma\\\mu_1\\\mu_2\\\mu_3\end{pmatrix},\underline{o}=\begin{pmatrix}\tilde{\gamma}_1\\\tilde{\gamma}_2\\\tilde{\gamma}_3\end{pmatrix} \tag{5-8}$$

式(5－8)有6个参数和6个观测值(3个复相干性)。很明显只有尽量选择3个不同的相干值才能最大限度地确保反演的稳定性。

进行参数反演需要先估算相位 φ_0，相位估算有两种主要方法：一种方法是通过权值向量 $\overline{w}_s$ 选择一个极化通道，并假设其 μ 最大。例如，在 P 波段通常采用 HH 极化通道，L 波段可以选择 HH 极化，如果是全极化方式也可以选择 HH－VV 通道。此时 $\hat{\varphi}$ 是 φ_0 的估值，即

$$\hat{\varphi}=\arg(\tilde{\gamma}_{\overline{w}_s}) \tag{5-9}$$

此时要解决的问题是找到最佳的极化 $\overline{w}_s$，众多对 L 波段和 P 波段数据的研究表明没有一个单一极化 $\overline{w}_s$ 能够对 φ_0 进行无偏估计。因此，可以采用一系列复相干系数来通过 RVOG 模型减少估计偏差。式(5－8)表示复平面上的一条直线，因此可以用一条直线来拟合来自 $\overline{w}_s$ 和 $\overline{w}_v$ 的极化相干系数，其中 $\overline{w}_s$ 表示面散射占主导地位，$\overline{w}_v$ 代表体散射占主导地位。该直线在复平面单位圆的交点为地形相位提供了两个备选点。为了解决这两点之间的模糊性，需要假设 $\overline{w}_s$ 与 $\overline{w}_v$ 相比其相位中心更接近地面，并设 $\mu_1=0$，通过式(5－8)的前两个公式(γ_1 和 γ_2)就可以解算 φ_0，见式(5－10)。

$$\hat{\varphi}=\arg(\tilde{\gamma}_{\overline{w}_v}-\tilde{\gamma}_{\overline{w}_s}(1-L_{\overline{w}_s}))$$

其中，

$$0\leqslant L_{\overline{w}_s}\leqslant 1$$

$$AL_{\overline{w}_s}^2 + bL_{\overline{w}_s} + C = 0 \Rightarrow L_{\overline{w}_s} = \frac{-B - \sqrt{B^2 - 4AC}}{2A}$$

$$A = |\tilde{\gamma}_{\overline{w}_s}|^2 - 1, B = 2\mathrm{Re}((\tilde{\gamma}_{\overline{w}_v} - \tilde{\gamma}_{\overline{w}_s}) \cdot \tilde{\gamma}_{\overline{w}_s}^*), C = |\tilde{\gamma}_{\overline{w}_v} - \tilde{\gamma}_{\overline{w}_s}|^2 \tag{5-10}$$

获得地形相位 φ_0 估值后就可以估算林分高度了。

基于极化雷达干涉数据反演林分高度有三种方法：DEM 差分法、高度补偿法和垂直高度补偿法。

5.2.1 DEM 差分法

DEM 差分法和地形相位估测中用到的方法一致：分离来自冠层顶部的散射极化通道，然后利用式(5-11)估算高度：

$$h_v = \frac{\arg(\gamma_{\overline{w}_v}) - \hat{\varphi}}{k_z}, k_z = \frac{4\pi\Delta\theta}{\lambda \sin\theta} \approx \frac{4\pi B_n}{\lambda R \sin\theta} \tag{5-11}$$

此处 $\overline{w}_v$ 是用户选取的极化方式，假设来自植被顶部。通常情况下选择 HV 极化方式，因为该通道极化在体散射中占主导地位。另外，也可以采用基于旋转不变技术 ESPRIT 的相位优化算法和数值半径估计方法。需要注意的是 HV 相位中心有可能位于树高中间位置，也可能位于冠层顶部。相位中心具体位置的确定取决于两个特性：平均消光系数和植被垂直结构变化。当树木较高冠层比较薄时损耗小，由于树木结构的原因，相位中心位置会较高；相反，当冠层覆盖整个树身，这时由于低密度，相位中心有可能位于树高中间位置。这种不确定性是单基线方式固有的问题，要想去掉不确定性就要采用基于模型的修正方法。

5.2.2 高度补偿法

高度补偿法通过补偿密度和结构变化带来的影响获得一个可靠的高度估计。该方法通过牺牲消光系数提取的精度获得高度参数的健壮性，其原理见式(5-12)。此处要用到先前估算的地形相位和 RVOG 模型来匹配体散射占主导地位的模型(通道为 $\gamma(\overline{w})$)。但是该通道面-体混合散射的比值是未知的，相应地在该直线上具有无数个 volume-only 备选点。通过令式(5-12)中的 $0 \leqslant \lambda \leqslant 1$ 可以将这些未知量参数化。如果 $\lambda = 0$ 则假设 $\gamma(\overline{w})$ 只是体散射相干系数($\mu = 0$)。如果 $\lambda = 1$ 则 volume-only 点在单位圆中位于式(5-12)所示具有相位 φ_2 的相干性直线的远端。

$$\min_{h_v, \sigma} L_1(\lambda, \overline{w}) = \left\| \tilde{\gamma}(\overline{w}) + \lambda(e^{i\varphi_2} - \tilde{\gamma}(\overline{w})) - e^{i\hat{\varphi}} \frac{p}{p_1} \frac{e^{p_1 h_v} - 1}{e^{p h_v} - 1} \right\|$$

其中

$$\begin{cases} p = \dfrac{2\sigma}{\cos\ \theta} \\ p_1 = p + \mathrm{i}k_z \\ \hat{\varphi}_2 = \arg(\tilde{\gamma}_{\bar{w}_v} - \tilde{\gamma}_{\bar{w}_s}(1 - L_{\bar{w}_v})) \\ k_z = \dfrac{4\pi\Delta\theta}{\lambda \sin\ \theta} \approx \dfrac{4\pi B_n}{\lambda R \sin\ \theta} \end{cases} \tag{5-12}$$

因此,要解决以上问题用户需要选择一个 λ 值。通常令 $\lambda=0$ 并假设 $\bar{w}=w_v$。此时,$\mu=0$(如 HV 极化),反演公式可以简化为

$$\min_{h_v,\sigma} L_1(\lambda=0) = \tilde{\gamma}_{\bar{w}_v} - \mathrm{e}^{\mathrm{i}\hat{\varphi}} \frac{p}{p_1} \frac{\mathrm{e}^{p_1 h_v} - 1}{\mathrm{e}^{p h_v} - 1} \tag{5-13}$$

其中

$$\begin{cases} p = \dfrac{2\sigma}{\cos\ \theta} \\ p_1 = p + \mathrm{i}k_z \end{cases}$$

式中,k_z 和 θ 可以通过雷达几何原理得到,h_v 和 σ 是未知量。正如前面提到的:σ 因为植物密度和结构原因往往表现为噪声。通过式(5-13)能够用两种方法反演真实数据:给定初始估值的迭代搜索法和查找表法。查找表法中用到的消光值范围应该能够适应植被结构和雷达中心频率消光期望值的变化。式(5-17)所示的方法可以避免查找表法的弊端,由于相干系数和相位都需要确定,该方法对定标误差比较敏感。

5.2.3 垂直高度补偿法

垂直结构高度补偿法是用平均值 $\bar{\sigma}$ 作为消光系数以适应不同雷达频率,并将体相干中的所有变化都归结为植被垂直结构的影响。消光系数可以根据已发表的相关文献从不同森林类型的测量结果中归纳出来,见式(5-14)。

$$A\cos\ \theta = \alpha \cdot f^{\beta} \tag{5-14}$$

式中,A 为 2-way 消光;θ 为入射角;f 为以 MHz 为单位的频率;α 和 β 为回归系数。

最简单的建模方式是根据来自地面参考相位对应的冠层偏移对垂直结构变化进行建模。因此高度估计可以用另外一个参数:冠层厚度 $d(0 \leqslant d \leqslant h_v)$ 对 RVOG 模型进行修正,修正后的 RVOG 模型为

$$\min_{h_v,d} L_1(\lambda=0) = \tilde{\gamma}_{\bar{w}_v} - \mathrm{e}^{\mathrm{i}\hat{\varphi}} \mathrm{e}^{\mathrm{i}k_z(h_v - d)} \frac{p}{p_1} \frac{\mathrm{e}^{p_1 d} - 1}{\mathrm{e}^{p d} - 1} \tag{5-15}$$

其中

$$\begin{cases} p = \dfrac{2\overline{\sigma}}{\cos\ \theta} \\ p_1 = p + \mathrm{i}k_z \end{cases}$$

该模型已被应用到樟子松树木高度的提取。

5.2.4 基于振幅相干性的高度提取法

式(5－10)在低相干地区地面相位估计中具有一定的问题:在某些情况下单位圆上两交点具有模糊性。为了避免错误,可以通过检查所有交点来分离这些点,然后标注出模糊高度的备选点。因此还需要利用高度估计算法对这些点进行估计。一个有效的方法是完全忽略相干性,直接选取某极化通道(如 HV,其具有低面－体散射比),利用该通道的振幅相干性直接和随机体散射相比较然后进行高度估计。该法具有一定的缺陷:估值只是对密度和垂直结构变化敏感。但可以用以下两种方式弥补:设消光系数为 0,此时得到一个简单的正弦相干模型;采用消光系数的均值。在这两种情况下高度估计都可以用式(5－16)得到:

$$\min_{h_v} L_1 = |\tilde{\gamma}_{\overline{w}_v}| - \frac{p}{p_1}\frac{e^{p_1 h_v} - 1}{e^{p h_v} - 1} \tag{5-16}$$

其中

$$\begin{cases} p = \dfrac{2\overline{\sigma}}{\cos\ \theta} \\ p_1 = p + \mathrm{i}k_z, k_z = \dfrac{4\pi\Delta\theta}{\lambda\sin\ \theta} \approx \dfrac{4\pi B_n}{\lambda R\sin\ \theta} \end{cases}$$

基于振幅相干性的高度提取法忽略相位信息,对消光系数和垂直结构变化比较敏感,是一种比较稳健的算法。

如果对振幅相干性和 DEM 差分算法进行融合则可以产生一种新的算法。该算法和式(5－12)的 RVOG 算法相比具有处理效率高、操作方便等特点,并且对消光和垂直结构的变化均具有一定的稳健性。虽然只是一种近似算法,但是其高度估算仍具有较高的精度。

该算法需要两个干涉,一个干涉是面散射通道 $\overline{w}_s$ 占主导地位,另一个干涉是体散射通道 $\overline{w}_v$ 占主导地位,此时高度可以用式(5－17)推算。

$$h_v = \frac{\arg(\tilde{\gamma}_{w_v} - \hat{\varphi})}{k_z} + \varepsilon\frac{2\sin c^{-1}(|\tilde{\gamma}_{w_v}|)}{k_z} \tag{5-17}$$

$$\begin{cases}\hat{\varphi} = \arg(\tilde{\gamma}_{\bar{w}_v} - \tilde{\gamma}_{\bar{w}_s}(1 - L_{\bar{w}_s})), 0 \leqslant L_{\bar{w}_s} \leqslant 1 \\ AL_{\bar{w}_s}^2 + BL_{\bar{w}_s} + C = 0 \Rightarrow L_{\bar{w}_s} = \dfrac{-B - \sqrt{B^2 - 4AC}}{2A} \\ A = |\tilde{\gamma}_{\bar{w}_s}|^2 - 1, B = 2\mathrm{Re}((\tilde{\gamma}_{\bar{w}_v} - \tilde{\gamma}_{\bar{w}_s}) \cdot \tilde{\gamma}_{\bar{w}_s}^*), C = |\tilde{\gamma}_{\bar{w}_v} - \tilde{\gamma}_{\bar{w}_s}|^2\end{cases}$$

从式(5－17)可以看出高度由两部分组成。第一部分是根据地形点和体复相干性从相位或DEM差分得到的高度,与式(5－11)不同的是该极化不一定要在植被顶部,高度估计增加了振幅相干性。它可以通过对观测到的振幅相干性和简单消光sinc模型的匹配获得。这一步骤需要和一维对照表相对比,和式(5－13)对照表不同是,该对照表的范围是从正弦函数的0值开始的,因此所有观测到的相干性都能够和有效高度相匹配,并且没有边界效应。通过选择系数ε可以确定这两个组成部分的权重以提供消光系数变化的稳健性。当消光系数为0时ε应该取0.5,在这种情况下式(5－17)给出了林分高度的准确结果,此时忽略冠层结构偏移。在不等于0的情况下,ε应该减小;当$\varepsilon \to 0$时相位中心趋于真实高度。通过采用一个常数ε,可以避免匹配本地变化和消光系数,同时还节省了计算时间。

5.2.5 基于极化相干层析技术的林分高度估算

近年来,又出现了一个基于多基线模型和雷达成像的混合方法称为极化相干层析技术(polarization coherence tomography, PCT)。该方法通过估计干涉相干数据级数的参数,实现对位置垂直剖面Fourier－Legendre级数展开,然后构建任意断层或任意三维剖面,并且该方法采用了极化干涉雷达高度估计技术。由于该断层重建方法可以线性化,方便实现;该方法的另一个优势是它可以实现对单基线影像的三维断层构建。这对将来在多基线获取数据获取方面比较受限的星载应用来说是非常重要的。2006年,Cloude利用不同极化状态下干涉相干性的变化提取到了雷达后向散射强度随高度变化的函数,即植被垂直结构剖面;随后,Zheng也利用地基极化干涉雷达在单基线条件下对澳大利亚植被的垂直结构特征开展了极化相干层析法的验证实验。但是,受各种条件的限制,国内还尚未利用极化干涉雷达开展相关研究试验。

因此,本章将对极化相干层析技术进行详细的理论分析和公式推导,并利用ALOS PALSAR全极化数据分析该方法估测垂直高度的精度。

1. 极化相干层析技术高度估计原理

高度估计最简单的一个方法就是利用干涉相位差。通常需要估计两个极化通道的相干性:一个是$\bar{w}_v$,只有体散射,相位中心在层的顶部;另一个是$\bar{w}_s$,面散射占主导地位，相位中心接近地面。通过形成相位差并用干涉波数 k_z 进行缩放，就可以得到式(5－18)所示的高度估计方法：

$$\hat{h}_v = \frac{\arg(\tilde{\gamma}_{\bar{w}_v}\tilde{\gamma}^*_{\bar{w}_s})}{k_z} \Rightarrow k_v = \frac{1}{2}\arg(\tilde{\gamma}_{\bar{w}_v}\tilde{\gamma}^*_{\bar{w}_s}) \tag{5-18}$$

利用估计得到的 φ_0，式(5－18)可以简化为

$$k_v \approx \frac{1}{2}\arg(\tilde{\gamma}_{\bar{w}_v} e^{-i\varphi_0}) \tag{5-19}$$

通常，式(5－19)总是低估真实高度，但是可以通过振幅相干修正法对该误差部分进行补偿。该方法认为当相位中心分离时，有效体深度减少，因此体去相干会减少。因为振幅相干值减少时高度估计会减少同时相位估计增加，所以通过把这两项结合起来可以到一个合适的方法，并可以补偿结构变化，即

$$k_v = \frac{1}{2}\{\arg(\tilde{\gamma}_{\bar{w}_v} e^{-i\varphi_0}) + \varepsilon(\pi - 2\sin^{-1}(|\tilde{\gamma}_{w_v}|^{0.8}))\} \tag{5-20}$$

式中，第一项是相位补偿；第二项是振幅相干纠正；ε 是权重(其目的是尽可能地充分体现结构函数的变化)。该表达式在两种特殊的情况下也能正确地估计高度：如果介质结构具有均一性，公式第一项会给出高度的一半$\left(\frac{k_z k_v}{2}\right)$，此时第二项也会给出真实高度的一半，即$\frac{k_z k_v}{2}$(假设 $\varepsilon = 1$)，因此两者相加取其一半可得正确估值 k_v；在另一个极端，如果结构函数在体散射通道位于垂直结构层的顶端，相位高度会给出正确高度 $k_z k_v$，公式第二项趋于零，结果的一半仍给出了 k_v 的正确估值。因此式(5－20)能够为任意结构函数在这两个极端之间给出合理的估值。并且其值需要估计两个参数：真实地表相位 φ_0(由式(5－28)导出)和体复相干性；这两个参数能够从全极化干涉雷达数据相位优选中得到。通过让二阶 Legendre 模型作为体相干通道，利用式(5－21)可以得到一个理想的系数 ε。

$$\tilde{\gamma}(\bar{w}_v) = e^{i(k_v + \varphi_0)}(f_0 + a_{10}(\bar{w}_v)f_1 + a_{20}(\bar{w}_v)f_2) \tag{5-21}$$

上面的讨论只是基于体去极化，并没有考虑另外两个重要的系统误差：时间去相干和由信噪比引起的去相干。

2. 基于时间去相干和信噪比去相干的高度估计原理

信噪比的影响是使相干性比较敏感地沿着径向朝相干图原点移动。信噪比去相干影响值为

$$\gamma_{SNR}(\bar{w}) = \frac{SNR(\bar{w})}{1 + SNR(\bar{w})} \tag{5-22}$$

例如，当 $SNR \geqslant 10$ dB 时，SNR 去相干影响 $\geqslant 0.9$。因此该误差包含了其他因素对相干性的影响，该影响是否占主要地位取决于与体散射有关的贡献和 SNR 影响，见式(5－25)和式(5－26)。该误差很像极化通道中具有较低的后向散射的情况，如交叉极化 HV 通道对裸面的后向散射。在大多数情况下都包含自由体散射，并且体散射随不同极化的变化较小。

同时，时间去相干也很重要，尤其是在时间上存在后向散射不确定性的时候，如大风吹过的植被。更复杂的情况是在整个垂直结构上有可能时间去相干的影响是变化的，如风吹过的植被时间去相干对顶部的影响要高于对下部的影响，但以上影响可以通过对相干积分（见式(5－23)）加上一个分子 I_2 进行改进；改进后的时间结构函数 $g(z)$ 见式(5－24)。

$$\tilde{\gamma} = \frac{\langle s_1 s_2^* \rangle}{\sqrt{\langle s_1 s_1^* \rangle \langle s_2 s_2^* \rangle}} = \mathrm{e}^{\mathrm{i}k_z z_0} \frac{\int_0^{h_v} f(z')\mathrm{e}^{\mathrm{i}k_z z'}\mathrm{d}z'}{\int_0^{h_v} f(z')\mathrm{d}z'} = \mathrm{e}^{\mathrm{i}k_z z_0} |\tilde{\gamma}| \mathrm{e}^{\mathrm{i}\arg(\hat{\gamma})}, \quad 0 \leqslant \tilde{\gamma} \leqslant 1 \tag{5-23}$$

$$\left.\begin{aligned} I_2 &= \mathrm{e}^{\mathrm{i}k_z z_0}\int_0^{h_v} g(z')f(z')\mathrm{e}^{\mathrm{i}k_z z'}\mathrm{d}z' \\ I_1 &= \int_0^{h_v} f(z')\mathrm{d}z' \end{aligned}\right\} \Rightarrow \tilde{\gamma} = \frac{I_2}{I_1} \tag{5-24}$$

式中，$0 \leqslant g(z) \leqslant 1$，$g(z)=0$ 表示地区的最大变化，$g(z)=1$ 表示地区没有变化。最简单的方法是假设 $g(z)=\gamma_t$，这是一个固定的高度函数，此时所有的相干性如式(5－25)所示。

$$\tilde{\gamma}(\bar{w}) = \gamma_{SNR}\gamma_t \mathrm{e}^{\mathrm{i}k_z z_0}\mathrm{e}^{\mathrm{i}\frac{k_z h_v}{2}}(f_0 + a_{10}(\bar{w})f_1 + a_{20}(\bar{w})f_2) \tag{5-25}$$

因此，通过把 SNR 和时间去相干作为标量乘以观测到的相干性就可以得到包含这两个因素影响的干涉相干层析方法，该方法在没有扭曲复相干相位均值的情况下减少了振幅相干（增强了相位变化）。此时二阶 Legendre 谱（φ_0 和 k_v 已知）的估计可改写成

$$\begin{bmatrix} a_{00} \\ a_{10} \\ a_{20} \end{bmatrix} = \begin{bmatrix} 1 & 0 & 0 \\ 0 & f_1 & 0 \\ 0 & 0 & f_2 \end{bmatrix}^{-1} \begin{bmatrix} 1 & 0 & 0 \\ 0 & \gamma_{SNR}\gamma_t & 0 \\ 0 & 0 & \gamma_{SNR}\gamma_t \end{bmatrix}^{-1} \begin{bmatrix} 1 \\ \mathrm{lm}(\tilde{\gamma}_k) \\ \mathrm{Re}(\tilde{\gamma}_k) \end{bmatrix} - \begin{bmatrix} 1 & 0 & 0 \\ 0 & f_1 & 0 \\ 0 & 0 & f_2 \end{bmatrix}^{-1} \begin{bmatrix} 0 \\ 0 \\ f_0 \end{bmatrix}$$

$$\Rightarrow a_{00} = 1, a_{10} = \frac{\mathrm{lm}(\tilde{\gamma}_k)}{f_1\gamma_{SNR}\gamma_t}, a_{20} = \frac{\mathrm{Re}(\tilde{\gamma}_k)}{f_2\gamma_{SNR}\gamma_t} - \frac{f_0}{f_2} \tag{5-26}$$

从式(5－26)可以看出时间去相干和 SNR 影响都会扩大 Legendre 谱估计的误

差。通过采用长波长、长基线极化干涉可以去除以上两者的影响,因此这两种方法非常适合极化干涉相干层析技术。

对于 γ_t 和 γ_{SNR} 还有一些问题要考虑:除了用观测数据估计 Legendre 谱,还需要估算地形相位 φ_0 和高度 k_v。相关研究证明只要限制了时间去相干对体散射部分的影响,并且 *SNR* 足够大,则式(5-28)仍是成立的,此时尽管由于低相干导致了相位噪声的增加,相同的算法仍可以用于估算表面相位,其对高度 k_v 的估算的影响更小,见式(5-27)。由于时间去相干和 *SNR* 导致的相干性丢失不会改变第一项中的平均相位差,但是会减少第二项中的有效相干性,因此此时会导致对相干性总和 k_v 的高估。

$$k_v=\frac{1}{2}\{\arg(\gamma_{SNR}\gamma_t\tilde{\gamma}_{\bar{w}_v}e^{-i\varphi_0})+0.8[\pi-2\sin^{-1}(|\gamma_{SNR}\gamma_t\tilde{\gamma}_{w_v}|^{0.8})]\} \tag{5-27}$$

3. 极化相干层析步骤

根据本书试验过程和结果,总结出了利用极化相干层析方法生成3D影像的步骤:

(1)分离两个参考极化通道

利用相应的物理模型或相位/相干性优化方法分离体散射和面散射占主导地位的极化通道 w_1 和 w_2,计算相应的干涉复相干性 $\tilde{\gamma}_1$ 和 $\tilde{\gamma}_2$。

(2)相位偏差去除和 φ_0 估计

利用以上两个相干性按一定顺序用式(5-28)估算 φ_0:

$$\begin{cases}\hat{\varphi}_0=\arg(\tilde{\gamma}_2-\tilde{\gamma}_1(1-F_2)),\quad 0\leqslant F_2\leqslant 1\\ AF_2^2+BF_2+C=0\Rightarrow F_2=\dfrac{-B-\sqrt{B^2-4AC}}{2A}\\ A=|\tilde{\gamma}_1|^2-1,B=2\mathrm{Re}((\tilde{\gamma}_2-\tilde{\gamma}_1)\cdot\tilde{\gamma}_1^*),\quad C=|\tilde{\gamma}_2-\tilde{\gamma}_1|^2\end{cases} \tag{5-28}$$

(3)估算 k_v 并补偿时间去相干

通过相应物理模型或选择 $\bar{w}_1$ 和 $\bar{w}_2$ 的最佳状态找到体散射极化通道 $\bar{w}_v$,用式(5-29)计算 k_v(γ_t 和 γ_{SNR} 可以进行修正):

$$\hat{k}_v\approx\frac{1}{2}\{(\arg(\tilde{\gamma}_{w_v}e^{-i\hat{\varphi}})+0.8[\pi-2\sin^{-1}(\gamma_n^{-1}|\tilde{\gamma}_{w_v}|)^{0.8}]\},\quad \gamma_n=\gamma_{SNR}\gamma_t \tag{5-29}$$

(4)高度估计

根据基线几何原理计算 k_z,并用其估算高度,即

$$\hat{h}_v=\frac{2\hat{k}_v}{k_z} \tag{5-30}$$

(5)计算任意极化通道 $\bar{w}$ 的相干性

选择任意一个极化散射通道 $\bar{w}$ 进行成像。对影像的每一个像素用式(5-31)计算在该通道的复相干性:

$$\bar{w}=\begin{bmatrix} w_1 \\ w_2 \\ w_3 \end{bmatrix}=\begin{bmatrix} \cos\alpha \\ \sin\alpha\cos\beta e^{i\xi} \\ \sin\alpha\sin\beta e^{i\psi} \end{bmatrix}$$

$$\Rightarrow\begin{cases} s_1=w_a(S_{HH}^1+S_{VV}^1)+w_b(S_{HH}^1-S_{VV}^1)+w_c(S_{HV}^1+S_{VH}^1) \\ s_2=w_a(S_{HH}^2+S_{VV}^2)+w_b(S_{HH}^2-S_{VV}^2)+w_c(S_{HV}^2+S_{VH}^2) \end{cases}$$

$$\Rightarrow\tilde{\gamma}(\bar{w})=\frac{\langle s_1 s_2^* \rangle}{\sqrt{\langle s_1 s_1^* \rangle\langle s_2 s_2^* \rangle}} \tag{5-31}$$

(6)计算极化通道 $\bar{w}$ 的 Legendre 谱

式(5-32)所示为 $\bar{w}$ 计算 Legendre 系数 a_{10} 和 a_{20},如果可能的话需要进行信噪比和时间去相干修正。

$$\tilde{\gamma}_k=\tilde{\gamma}(\bar{w})e^{-i(\hat{k}_v+\hat{\varphi}_0)}$$

$$\Rightarrow\hat{a}_{10}(\bar{w})=\gamma_n^{-1}\frac{\mathrm{lm}(\tilde{\gamma}_k)}{f_1},\quad \hat{a}_{20}(\bar{w})=\gamma_n^{-1}\frac{\mathrm{Re}(\tilde{\gamma}_k)}{f_1}-\frac{f_0}{f_2},\quad \gamma_n=\gamma_{SNR}\gamma_t \tag{5-32}$$

(7)垂直剖面构建

通过式(5-33)用每个像素的高度信息和 Legendre 系数为每个像素构建后向散射垂直剖面。

$$f_{L2}(\bar{w},z)=\frac{1}{\hat{h}_v}\left[1-\hat{a}_{10}(\bar{w})+\hat{a}_{20}(\bar{w})+\frac{2z}{\hat{h}_v}(\hat{a}_{10}(\bar{w})-3\hat{a}_{20}(\bar{w}))+\hat{a}_{20}(\bar{w})\frac{6z^2}{\hat{h}_v^2}\right]$$

$$0\leqslant z\leqslant\hat{h}_v \tag{5-33}$$

当时间去相干比较严重时,a_{20} 可能会使重建饱和。此时可以用下面分辨率低,但是比较稳健的方法来重建,即

$$f_{L1}(\bar{w},z)=\frac{1}{\hat{h}_v}\left\{[1-\hat{a}_{10}(\bar{w})]+\frac{2\hat{a}_{10}(\bar{w})}{\hat{h}_v}z\right\},\quad 0\leqslant z\leqslant\hat{h}_v \tag{5-34}$$

5.3 极化雷达干涉特性相关因素分析

5.3.1 塔河地区 PALSAR 全极化数据干涉结果及其分析

结合塔河地区 ALOS PALSAR 全极化数据,以及在绪论中给出的常规 SAR 干涉处理步骤,通过试验,本书总结出了在时间去相关因素影响比较大的情况下如何获取相对较好的干涉结果及其他后续成果的具体处理步骤:

(1)数据预处理

由于数据处理通常需要较长的时间,并且生成的成果数据通常数据量较大,如果数据图幅比较大而感兴趣区域相对较小时可以对感兴趣区域数据进行切割提取。

(2)对两景影像进行一个六级的由粗到细的配准

配准时搜索窗口先进行大范围搜索,即从 128×128 像素大小的窗口开始搜索同名点,然后到 64×64 像素大小的窗口再到 32×32 像素大小的窗口,依次逐级递减,一直到 4×4 像素大小的窗口,上一个窗口的配准结果为下一窗口的配准提供初始数据。

(3)对配准后的数据进行平地效应估计

估计方法可以采用波谱估计法;估计完成后还需要对两景影像的基线进行估计,估计的目的是给林分高度估算提供相应数据。

(4)平地效应去除

在常规 SAR 干涉方法中该步骤可以在干涉前,也可以在干涉后,但是在 PALSAR 全极化数据干涉处理中该步骤需要在干涉前进行。

(5)滤波处理

由于 SAR 数据具有较强的斑点噪声影响,该影响对干涉结果有较强影响,因此需要在干涉之前对数据进行滤波,以获得较好的干涉效果。

(6)多视处理

为了获得正常的视觉效果可以对数据进行多视处理,如果不做多视处理,则得到的结果通常会有被拉伸的感觉。

(7)利用不同的干涉方式生成干涉图

全极化雷达具有相位相干的特点,可以产生任意极化组合下的雷达数据;全极化影像可用于干涉的极化方式有 HH、HV、VV、HH + VV、HH - VV、LL、LR、RR,在干涉时两景影像每景各选一个极化方式就可以产生一个干涉图。

(8)相干性估计

为林分高度估算提供数据。

(9)估算

基于 DEM 差分法、RVOG 模型法、振幅相干性和 DEM 差分融合法、PCT 法进行高度估算。

另外,对于重复轨道干涉测量模式,在形成干涉时两幅雷达图像的视角存在一定差异,分辨单元内的散射体相对视角有所变化,导致几何去相干,因此需要进行频谱滤波来压缩不相干的部分。

数据处理总流程如图 5－4 所示。

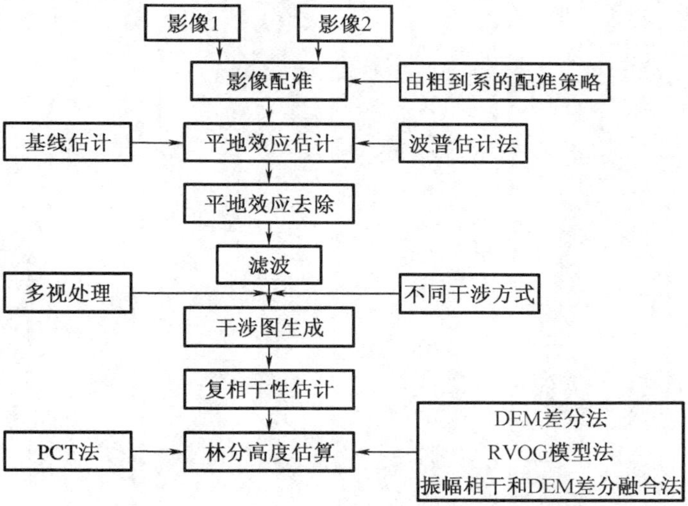

图 5－4 PALSAR 数据极化干涉和树高估算流程

根据以上操作步骤,本书对塔河地区 PALSAR 全景单视(SLC)影像(18 432×1 248 像素)进行了干涉处理,由于进行干涉时每景影像可以从以下极化方式中任选一种:HH、HV、VV、HH＋VV、HH－VV、LL、LR、RR,所以产生的干涉结果较多,此处只给出四个具有代表性的干涉:HH－HV、HH－HH、HH＋VV－HH＋VV、LL－LL,结果如图 5－5 所示。

由图 5－5 可知,由于整景影像行向像素多(18 432 像素),列向像素少(1 248 像素),干涉得到的图像在正常图幅下看感觉上是一幅杂乱无章的图像,另外由于单视图像本身就有一种被“拉伸”的感觉,从图 5－5 中看不出各个干涉图像之间的区别,为了能够看清各干涉图之间的区别,对每景干涉图从图幅左上角各自截取了经过放大后的具有相同像素大小的干涉图，截取后的放大图如 5－6 所示，其中图 5－6(e)是截取区域对应的 Pauli 影像图，从 Pauli 影像图上可以看出截取的这部分地区有河流、植被和裸露地表，并且还有山坡，地区特征比较明显。因此，从理论上讲该地区的干涉图在不同地物之间应该具有不同的特征。但是从图 5－6 给出的四个放大图中看到的干涉图之间目视效果仍然分辨不出太大的区别，整个区域内部也分辨不出明显的特性，看上去像杂乱无章的图像。

(a)HH-HV　　(b)HH-HH　　(c)HH+VV-HH+VV　　(d)LL-LL

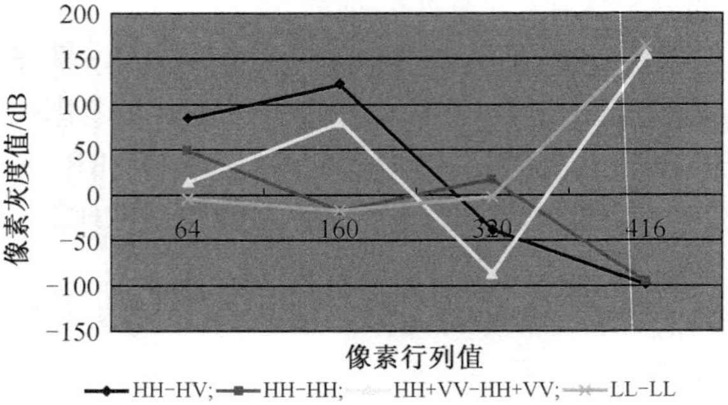

(e)不同像素的灰度值

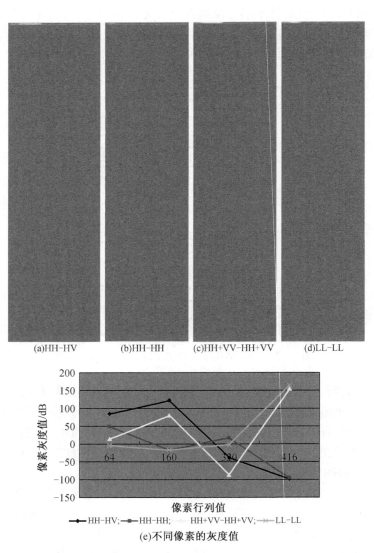

图 5－5　塔河地区 HH－HV、HH－HH、HH＋VV－HH＋VV 和 LL－LL 干涉图

为了对图 5 - 5 所示的四幅干涉图之间的区别进行定量分析，本书对每幅干涉图分别提取了行列值均为 64，160，230，416 处的像素灰度值，结果如图 5 - 5(e) 所示。从图 5 - 5(e) 中可以看出在相同像素位置处，不同干涉得到的图像之间虽然目视效果一致，但是其像素值仍然有很大区别，这也说明了在干涉图中含有目视所看不到的潜在信息。

图 5 - 5 所示全景干涉图和图 5 - 6 所示局部放大图说明在研究区虽然能够得到干涉图，并且不同干涉图之间具有一定区别（图 5 - 5(e)），但是从目视效果上不能有效区分不同地物对应的干涉图，这可能是因为在干涉时存在以下因素的影响。

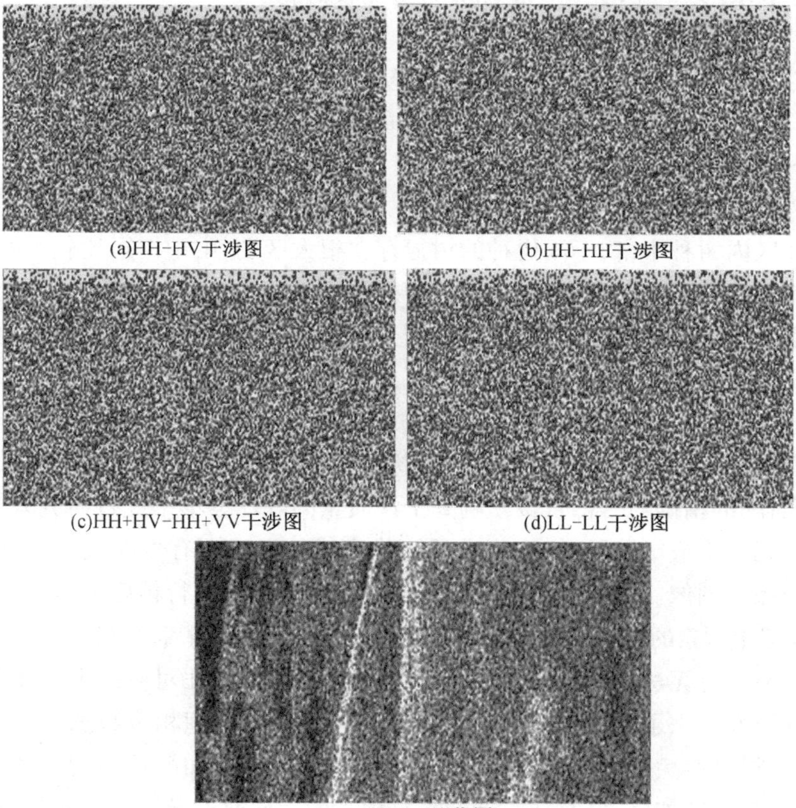

(a)HH-HV干涉图　(b)HH-HH干涉图

(c)HH+HV-HH+VV干涉图　(d)LL-LL干涉图

(e)Pauli影像图

图 5 - 6　同一地区局部放大图

1. 时间去相干影响

本书在 2.4.2 节已经从理论上分析过时间去相干的影响。由于本次研究所用 PALSAR 数据获取时间分别是 2007 年 5 月 7 日和 2007 年 11 月 7 日，两景影像获取时间间隔有6个月,首先在这6个月内树木存在一定生长,并且在该地区5月份和11月份分别是树木发芽和落叶的季节,树木冠层的体散射肯定会受到一定程度的影响;其次在这两个季节该地区风比较大,因此还有可能在获取数据的瞬间树木是摆动的,而不是静止的,所以时间去相干影响对干涉的影响相对较大。

2. 湿度的影响

由于获取数据的时间分别是5月份和11月份,该地区5月份平均温度10 ℃,冰雪已经融化,土壤、树木的水分含量较高;该地区11月份平均气温 -15 ℃,已经进入冬季,相比之下土壤、树木的水分含量比较低。

3. 坡度的影响

研究区是典型的山区地貌,地形比较复杂,在PALSAR成像时方位向和距离向具有不同的坡度,因此山区雷达成像特有的雷达阴影、叠掩和透视收缩都会存在,这势必对成像具有一定的影响。

4. 树冠的影响

研究区内树种丰富,不同树种的树冠存在很大区别,由于树冠比较大并且枝叶茂盛时雷达后向散射主要来自冠层上部;树冠比较小枝叶少时,雷达信号会穿透树冠和树干发射作用,本书获取的两景数据分别是发芽和落叶的季节,因此树冠的影响也是不可避免的。

5. 数据处理去相干的影响

本书在2.4.2节也已经从理论上分析过,在数据处理时需要进行两景影像之间的配准,配准精确与否都直接影响到干涉质量的好坏。本书经过研究发现:未配准的影像无法生成干涉图,粗略配准的影像生成的干涉图有可能是一系列没有任何用途的噪声图像。因此要想获得理想的干涉效果就要进行精确配准。

由于以上因素的影响,导致相干性的降低;虽然本研究区特征比较明显(图5-7),但是在干涉图上无法从目视角度区分不同地物或地形特征对应的干涉图像,这也为后续的研究带来了不便。同时,上面的分析也表明:处理相位数据时,需要具有高相干性,尽量避免低相干性;低相干性会导致方差增加和严重的偏差估算,进而扭曲相位信息,增加信息理解的难度;来自植被的后向散射导致了所有极化通道之间的低相关性,该弊端限制了对植被覆盖地表极化相位信息的进一步应用。

从图5-7可以看出本书购买的PALSAR全极化数据覆盖的研究区域特征比较明显,从Pauli图上可以看出在该区域无论是树型、树高,还是地表粗糙度、湿度、坡度在干涉图上都能够找到比较合适的代表区域。如果从干涉图上提取这些区域的代表性数据,就可以研究PALSAR全极化干涉数据在树型、树高、地表粗糙度、湿度、坡度等不同的情况下对应的特性,进而可以对这些影响因子进行定量描述和定性分析,但是由于这两景 PALSAR 影像获取的时间间隔较长,因此在干涉结果上表现出较强的时间去相干,同时在其他因素的影响下本数据获得的干涉结果经分析发现不能如实地反映以上各因素对干涉结果的影响,为了研究树型、树高、地表粗糙度、湿度、坡度等因素对干涉结果的影响,并确保研究的继续进行,本书将从仿真数据的角度对以上因素进行研究分析。

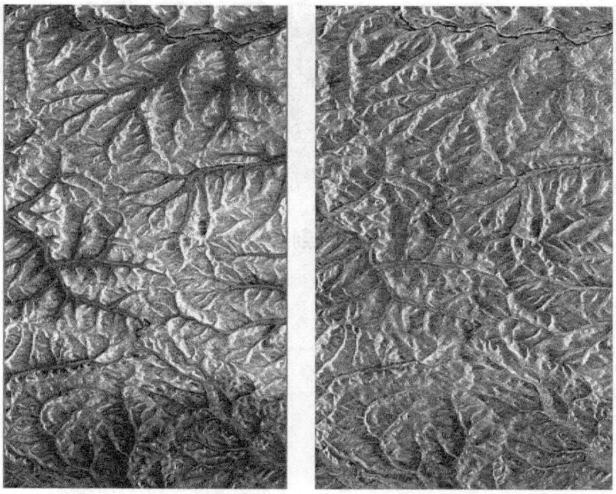

(a)2007年11月7日图像　　(b)2007年5月7日图像

图 5-7　研究区 Pauli 影像

5.3.2　基于仿真数据的外界影响因素分析

从 5.3.1 节的分析可以看出,在极化雷达干涉测量中外界因素对干涉数据及由干涉数据生成的干涉图都有重要的影响。下面将用一 3D 相干模型生成全极化雷达干涉数据,从地面平整度、地面湿度、方位向坡度、距离向坡度、树型、树高、林分密度等方面对极化雷达干涉特性进行分析;为了确保研究结果和现实的一致性,对以上因素分析时所采用的仿真数据的参数同 ALOS 卫星的参数基本一致。同时为了保证分析结果的可比性,对每种因素分析时所采用的数据均保证遥感平台高度、水平基线、垂直基线、信号入射角、信号中心频率、方位向分辨率、距离向分辨率都是一致的。

为了便于比较分析,重要的一步操作是将地面平整度、湿度、坡度、树型等按一定标准进行分类。本书下面所采用的分类都是结合实际情况,参考相关经验制定的。其中地面平整度共分成10级,光滑地面为0级,崎岖地面为第10级,地面湿度一共分成10级:干燥地面为0级,最湿地面为10级;方位向坡度和距离向坡度用百分比表示,大于等于46°为险坡、36°~45°为急坡、26°~35°为陡坡、16°~25°为斜坡、6°~15°为缓坡、0~5°为平坡;树型依据树冠形状分成5级:0代表Hedge树型,1,2,3代表Pine树型,4代表Deciduous树型,具体分级如图5-8所示。

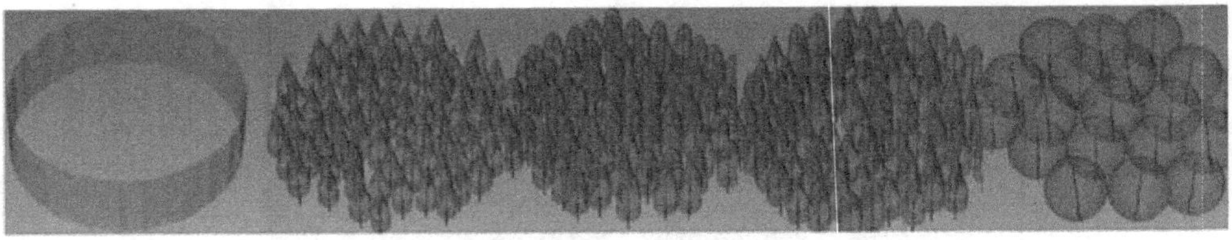

图5-8　树型分级(从左到右分别为0,1,2,3,4级)

干涉特性分析流程如图5-9所示。

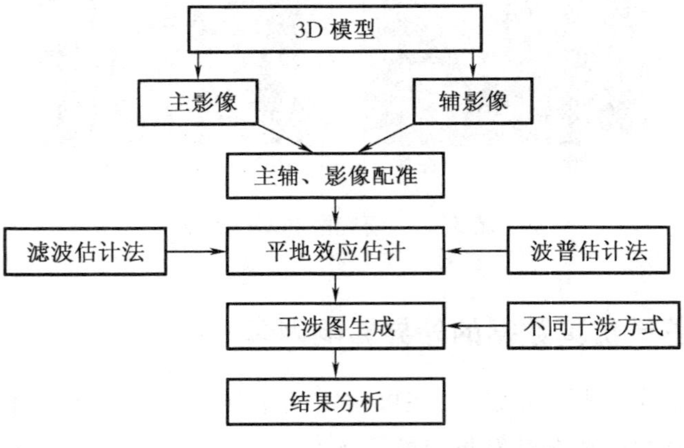

图5-9　干涉特性分析流程图

极化干涉雷达几何原理如图5-10所示:H是飞行器垂直高度;θ是信号入射角;B_V是垂直基线;B_h是水平基线;Slave Track是辅影像;Master Track是主影像。ALOS卫星获取PALSAR使用的是L波段,因此本模型采用L波段信号生成模拟数据。

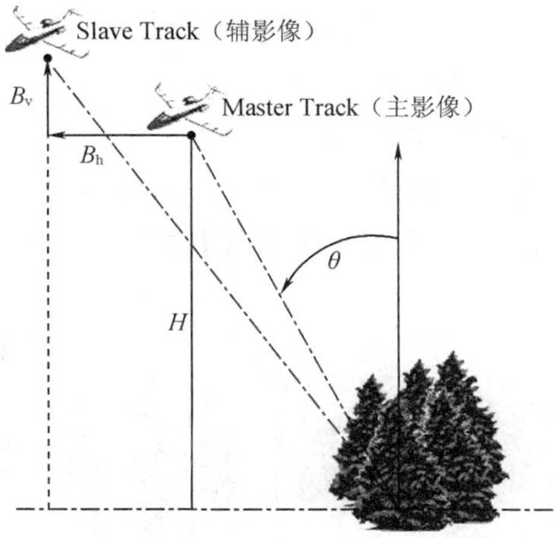

图 5-10 极化干涉雷达几何原理

1.3D 模型数据特性分析

由图 5-10 可知，该 3D 模型可以产生两景全极化影像。由全极化原理可知，影像具有四个极化通道（HH、HV、VH、VV），若考虑互易性则只有三个通道（HH、HV、VV）。每个通道的影像都有其自己的特性，下面首先看一下本节分析所用影像的特性。

主、辅影像的参数为

```
2               /* 轨道数 */
4 242.640 600   /* 斜距,单位:m   */
30.000 000      /* 入射角   */
4 243.287 800   /* 斜距,单位:m   */
31.000 700      /* 入射角   */
14              /* 中心频率,单位:GHz   */
2.000 000       /* 方位向分辨率,单位:m   */
1.414 000       /* 斜距分辨率,单位:m   */
5               /* 地面模型: 0 =光滑 ? 10 = 粗糙   */
0.001 000       /* 方位向坡度   */
0.002 000       /* 距离向坡度   */
4               /* 树型: 0 = Hedge, 1,2,3 = Pine, 4 = Deciduous   */
```

18.000 000　　　　/* 平均树高,单位:m　*/

15 394.000 000　　/* 区域面积　*/

550　　　　　　　/* 林分密度　*/

4　　　　　　　　/* 地面湿度:0 =干 ... 10 =湿　*/

由以上参数得到主、辅两景影像的极化特性如图 5 - 11 和图 5 - 12 所示。

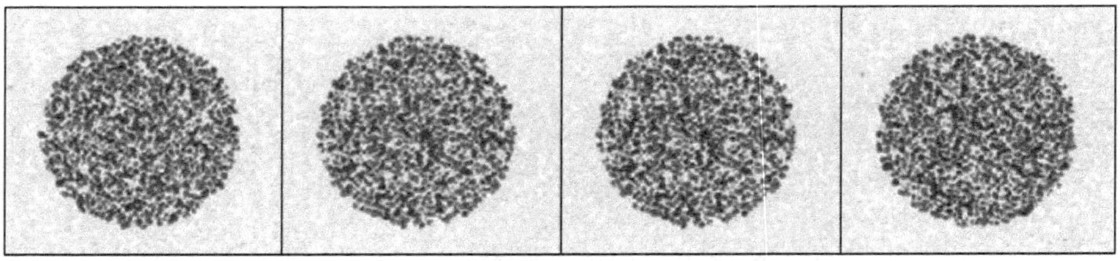

(a)HH　(b)HV　(c)VH　(d)VV

图 5 - 11　主影像极化特性

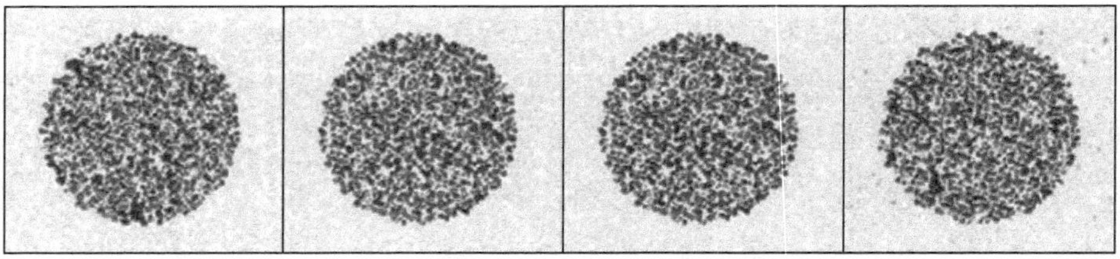

(a)HH　(b)HV　(c)VH　(d)VV

图 5 - 12　辅影像极化特性

从图 5 - 11、图 5 - 12 及主、辅影像的参数可以看出,由于主、辅影像来自两个传感器,平台高度及入射角不同导致主辅影像的极化特性略有不同。这两景影像是基于理想状态获得的,即假设该两景影像已经精确配准,没有时间去相关。由于本 3D 模型采用准确的几何原理,并确保后向散射来至基线端点所以可以避免时间去相关,因此主、辅影像每个极化通道的数据并没有太大的差异。从图 5 - 11、图 5 - 12 可以看出极化通道 HV 和 VH 极化特性相同,因此两者可以互易。图 5 - 13 显示的是经过配准操作后辅影像每个极化通道的特性,通过与图 5 - 12 相比较可以看出两者特性一致,这主要是因为两者没有时间去相关。主辅影像已经精确配准,此时主、辅影像满足做极化干涉的条件。

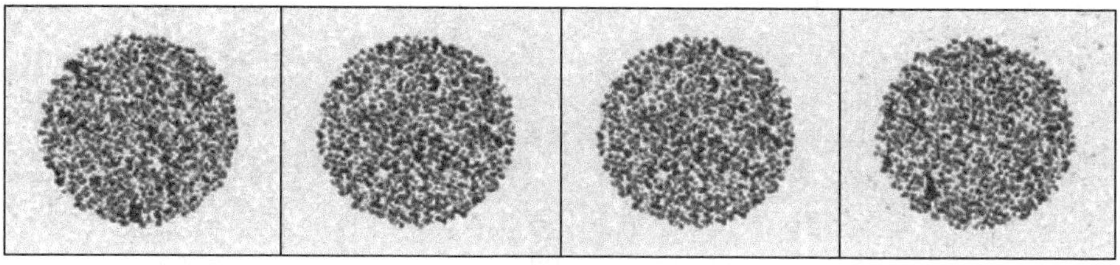

(a)HH (b)HV (c)VH (d)VV

图5-13 辅影像配准后极化特性

2. 平地效应去除

干涉成像时平坦地面也会产生干涉条纹,这种由高度不变的平地引起干涉相位在距离向和方位向呈现周期性变化的现象称为平地效应。在平地效应中,这些条纹和地形起伏所引起的条纹叠加在一起,使得条纹更加复杂,在一定程度上掩盖了地形变化引起的干涉条纹变化,此时干涉相位图不能直接体现地形的变化,增加了解缠的难度。平地效应对应的分量可以根据系统模型计算出来并去除掉。图5-14给出了平地效应和平地效应去除前后的纹理图。

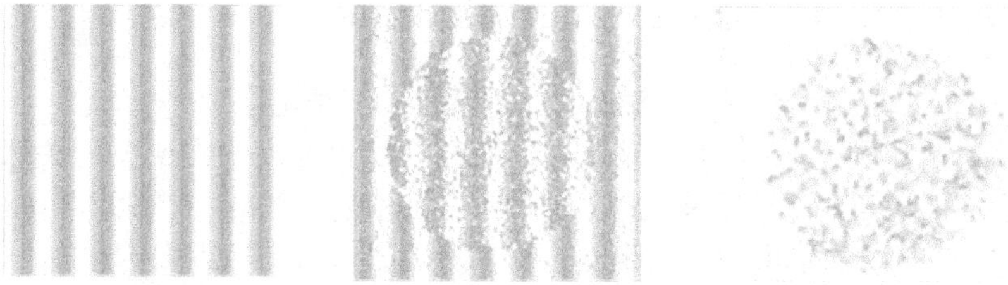

(a)平地效应 (b)HH干涉图 (c)去除平效应后

图5-14 平地效应

3. 地面粗糙程度、湿度、树型对全极化雷达干涉影响分析

图5-15是一个3×3的图像矩阵,该图像矩阵是HH极化方式得到的干涉图(全极化方式得到的极化方式较多,由于篇幅有限此处只列出这种比较有代表的极化方式)。图像矩阵每行树型保持不变,第一行树型保持不变为Deciduous,第二行树型保持不变为Pine(2),第三行树型保持不变为Hedge;图像矩阵每列地面粗糙度和湿度保持不变,第一列粗糙度和湿度最高均为峰值10,第二列粗糙度和湿度为中等水平值为5,第三列粗糙度和湿度为最低值0。

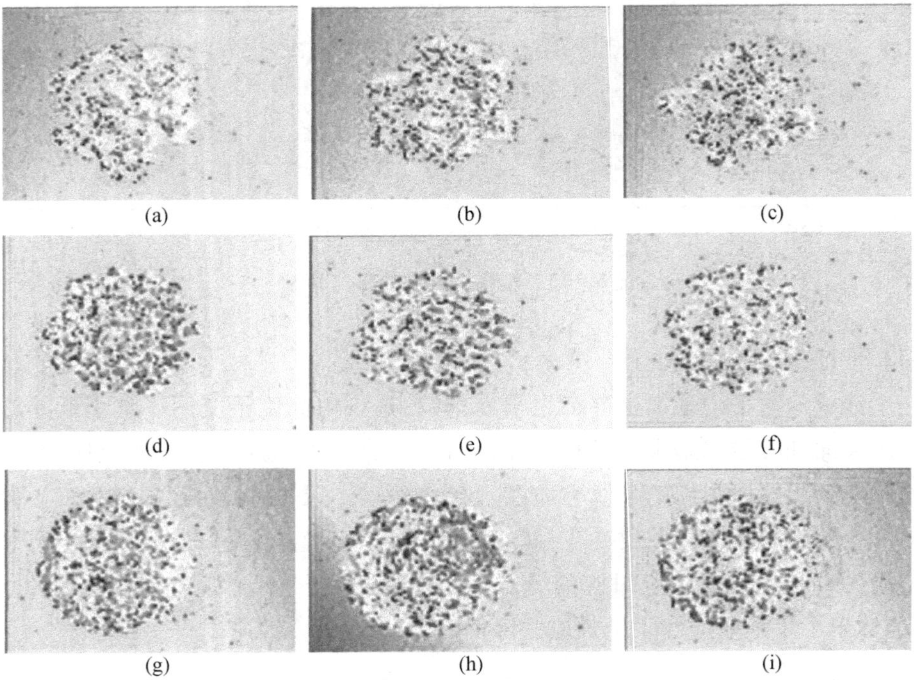

图 5-15　不同地面粗糙程度、湿度、树型下的 HH 干涉图

通过 HH 干涉图和其他极化方式的分析可得以下结论：

(1)无论在哪种树型下，干涉效果与湿度和表面粗糙度均有明显的关联：随着湿度和表面粗糙度的降低，干涉效果逐步变差，斑点噪声增加。图像矩阵每一行从左至右随着湿度和表面粗糙度的降低，干涉效果逐步变差，斑点噪声增加。

(2)树型对干涉效果的影响为在湿度和表面粗糙度保持不变的情况下，树型 Hedge 干涉效果最好，树型 Pine(2)干涉效果次之，树型 Deciduous 干涉效果最差。图像矩阵每一列从上到下树型依次为 Deciduous、Pine(2)和 Hedge，干涉效果逐步增强，影像趋于完整。

(3)不同的树型有其特有的几何结构、冠层表面粗糙度和含水量。雷达对产生后向散射差异的这些参数比较敏感。

4. 方位向、距离向坡度对全极化雷达干涉影响特性分析

图 5-16 是一个 3×3 的图像矩阵，该图像矩阵是 HV-HV 极化方式得到的干涉图(全极化方式得到的极化方式较多，由于篇幅有限此处只列出这种比较有代表的极化方式)。该图像矩阵第一行方位向和距离向坡度为 1°(平坡)，第二行方位向和距离向坡度为 10°(缓坡)，第三行方位向和距离向坡度为 30°(陡坡)。该图像

矩阵的第一列树型是 Deciduous,第二列树型是 Pine(2),第三列树型是 Hedge。

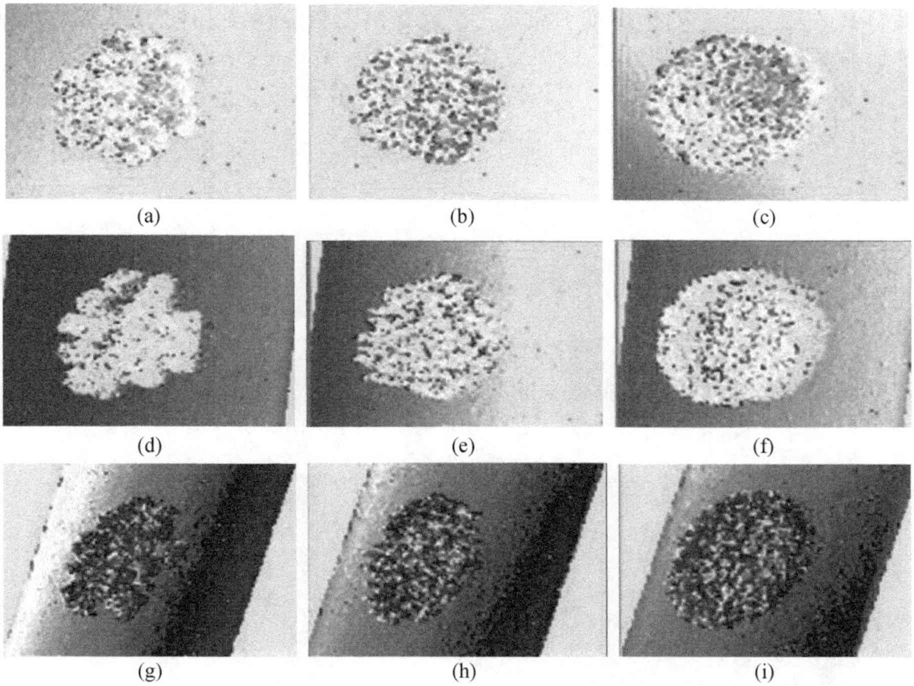

图 5-16 三种坡度下和三种树型下的 HV-HV 干涉图

通过 HV-HV 干涉图和其他极化方式的分析可得以下结论:

(1)在不同坡度下,不同树型得到的干涉图像特点为树型 Deciduous 图像像素具有一定的聚集性,并且和树冠形状相符,见图像第一列,树型 Pine(2)和树型 Hedge 像素分布相对均匀一些,两者之间差别不大,见图像第二列和第三列。

(2)随着坡度的增加,后向散射在影像上的投影变形较大,见图像矩阵第三行。

(3)坡度大于一定程度后干涉效果之间变差,斑点噪声增加,导致目视解译困难,见图像矩阵第三行;平坡和缓坡情况下的干涉效果较好。

综上所述,方位向和距离向坡度对干涉效果的影响为平坡和缓坡时影响较小,陡坡时影响较大;坡度对树型在干涉图上的影响较小。

5. 树高对全极化雷达干涉效果的影响分析

图 5-17 是一个 3×3 的图像矩阵,该图像矩阵是 HH 极化方式得到的干涉图(全极化方式得到的极化方式较多,由于篇幅有限此处只列出这种比较有代表的极

化方式）。该图像矩阵中每一行树高保持不变，第一行树高为 10 m，第二行树高为 18 m，第三行树高为 22 m；每一列树型保持不变，第一列为树型 Deciduous，第二列为树型 Pine(2)，第三列为树型 Hedge。在这 9 幅图中除树高和树型改变外数据获取时其他条件均保持一致。

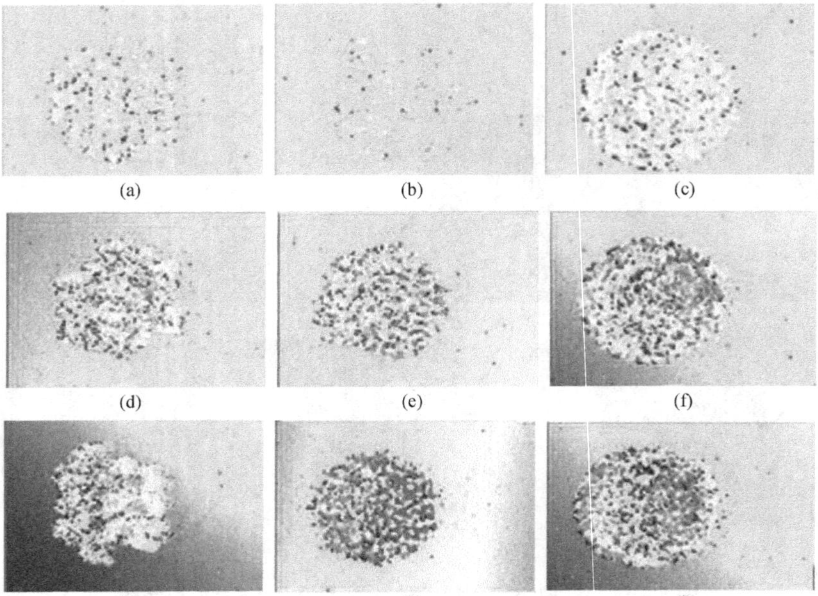
(a) (b) (c) (d) (e) (f) (g) (h) (i)

图 5－17　HH 干涉下三种树高影响图像

通过 HH 干涉图和其他极化方式的分析可得以下结论：

(1)树高对干涉效果具有比较明显的影响，对于 HH 干涉树高对干涉图的影响在树型 Pine(2)上表现比较明显，见图像矩阵第二列，树高 10 m 时干涉效果最差，树高 22 m 时干涉效果最好；10 m 时干涉效果差还有另外一方面的原因：此时树木稀少，来自裸露地面的后向散射增强，因此影像上来自树木的体散射和来自地表的面散射的混合散射导致了干涉效果的下降。

(2)随着树高的增加，干涉效果逐步增强、影像特性变得突出，见图像第一列：从上到下随着树高的增加，树型在影像上表现得更为突出，在 10 m 时干涉图像素分布比较均匀，在 18 m 和 22 m 时像素灰度比较集中，明显表示出后向散射主要来自树木冠层顶部。

(3)从树型角度看，对于树型 Hedge（见影像矩阵第三列），其在不同树木高度上均表现出比较稳定的后向散射，该树型由于树冠小，其分布相对均匀，和其他树型相比在树木之间空隙较少，因此在影像图上主要表现为来自冠层和树木中上部的后向散射，来自地表的后向散射比较弱，所以在干涉图上表现出比较稳定的干涉结果。

5.4 林分高度估算分析

5.4.1 塔河地区 PALAR 全极化数据估算结果及其分析

由于整景 PALSAR 影像比较大（每景单视数据：18 432 ×1 248 像素，743 MB），干涉处理后得到的结果数据量呈指数级增长（如两景影像各 42 M，经过所有的处理后生成的结果数据为 895 MB），为了提高计算速度，在进行林分高度估算时本书从 PALSAR 影像上提取了具有代表性的区域，提取的区域单视数据大小为 1 121 × 1 121 像素，分别进行了基于 DEM 差分法、RVOG 法和振幅相干性与 DEM 差分相融合方法的树高估算，基于极化相干层析技术的树高估算。

为了验证估算效果，本试验首先以 2007 年 5 月份影像为主影像，以 2007 年 11 月份影像为辅影像进行了精确配准，干涉后进行了高度估算；然后以 2007 年 5 月份影像为辅影像，以 2007 年 11 月份影像为主影像进行了精确配准，同样进行了干涉，并获得了相应的估算结果。

1. 基于 DEM 差分法、RVOG 法和振幅相干性与 DEM 差分相融合方法估算的树高

图 5 – 18 是以 2007 年 5 月份影像为主影像，以 2007 年 11 月份影像为辅影像进行了精确配准后经过干涉处理后反演得到的 DEM 差分法、RVOG 法和振幅相干性与 DEM 差分相融合法估算出的树高。

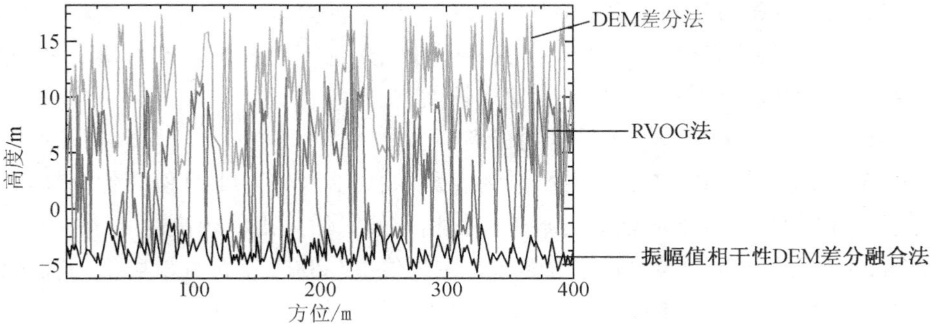

图 5 – 18 根据 DEM 差分、RVOG 模型和振幅相干性与 DEM 差分融合法得到的高度剖面图

图 5－19 是以 2007 年 11 月份影像为主影像，以 2007 年 5 月份影像为辅影像进行了精确配准后经过干涉处理后反演得到的 DEM 差分法、RVOG 法和振幅相干性与 DEM 差分相融合方法估算出的树高。

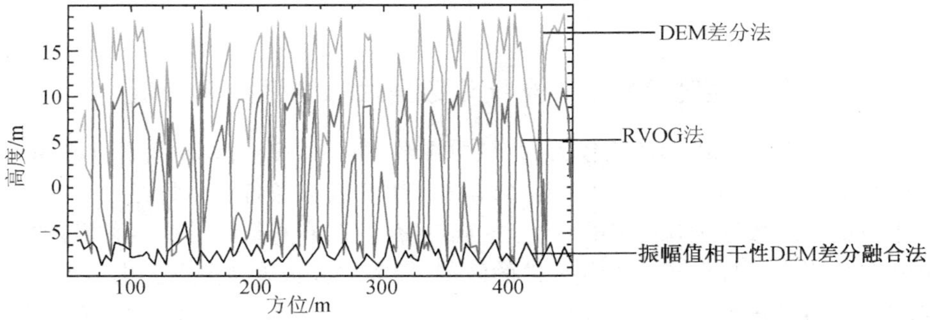

图 5－19　根据 DEM 差分、RVOG 模型和振幅相干与 DEM 差分融合法得到的高度剖面图

本书收集到的 2005 年小班数据显示该地区平均树高在 18～20 m；如果 2005—2007 年树木的生长高度不予考虑，从图 5－18 和图 5－19 可以看出：基于 DEM 差分法、RVOG 模型法和振幅相干性与 DEM 差分融合法估算得到的高度明显存在较大误差，其中 RVOG 模型法和振幅相干性与 DEM 差分融合法估算得到的高度出现负值，不符合实际情况；另外，DEM 差分法、RVOG 模型法估算得到的高度变化幅度较大，也不符合实际；从理论上分析振幅相干性与 DEM 差分融合法应该是估算精度最高的，但是估算出的结果是负值，与实际不符，但是从图中可以看出该方法估算出的结果变化幅度小，如果把误差去除掉的话应该具有较高的估算精度。

前文已经分析过塔河地区的这两景数据在做干涉处理时存在一些去相干的因素，导致干涉结果质量偏差，因此基于这些干涉结果估算出的树高不可避免地会存在误差，并导致以上估算结果与实际偏离较大。

2. 基于极化相干层析技术估算的树高

图 5－20 是以 2007 年 5 月份影像为主影像，以 2007 年 11 月份影像为辅影像进行了精确配准，经过干涉处理后基于极化相干技术估算出的树高。

图 5－21 是以 2007 年 11 月份影像为主影像，以 2007 年 5 月份影像为辅影像进行了精确配准，经过干涉处理后基于极化相干技术估算出的树高。

从图 5－20 和图 5－21 可以看出，基于极化相干层析技术估算出的树高和参考树高 18～20 m 比较接近；并且这两景影像在配准时无论哪个做主影像对估算结果的影响都比较小;这也说明极化相干层析技术的估算方法具有较强的适应性,从图5-20和图5-21可以发现该方法即使在干涉质量不好的情况下得到的估算结果也和实际结果偏离不是太大,与DEM差分法、RVOG模型法和振幅相干与DEM差分融合法相比具有一定的优势。

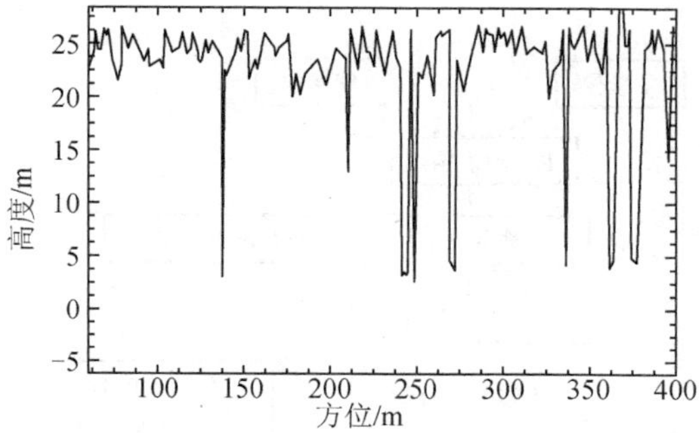

图5-20 基于极化相干层析技术估算的树高剖面图

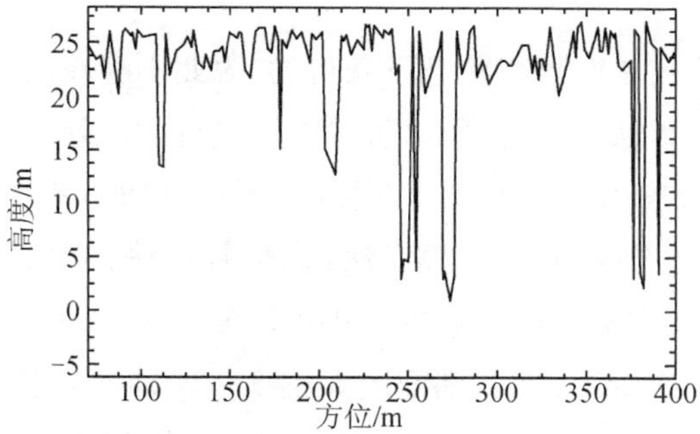

图5-21 基于极化相干层析技术估算的树高剖面图

综上可以看出:虽然前文的理论分析表明基于振幅相干与DEM差分融合法的估算结果应该比DEM差分法和RVOG模型法有较高的精度,但是上面的估算结果并未能证明这个观点;另外极化相干层析技术估算得到的结果虽然比较接近实际情况,但是该方法的适应性仍需要进行进一步论证。为了进一步对振幅相干与DEM差分融合法和极化相干层析技术进行分析,本书接下来将基于仿真数据对以上两种方法做进一步分析。

5.4.2 基于仿真数据的估算结果及其分析

基于仿真数据进行高度估算时对数据的处理和 5.4.1 节稍有不同,不同之处是在干涉图生成之后需要进行干涉相干统计,然后再进行林分高度估算。具体处理步骤如图 5－22 所示。

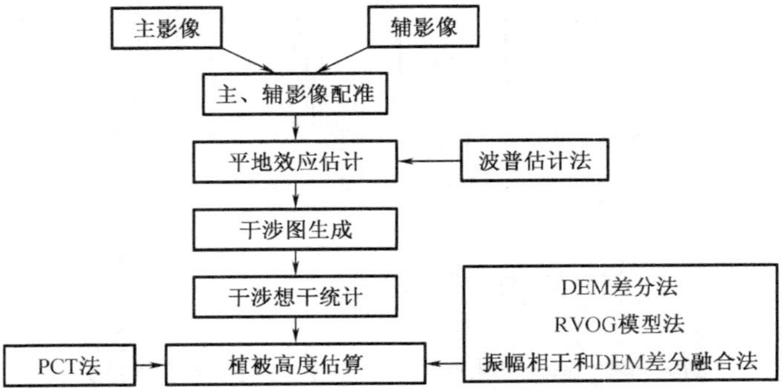

图 5－22　林分高度估算流程图

由于仿真数据假定是在理想状态下获得的,因此不存在时间去相干的影响,另外斑点噪声影响也可以认为没有,所以可以不用进行滤波处理。

1. 基于 DEM 差分法、RVOG 模型法和振幅相干性与 DEM 差分融合法的估算分析

为了验证 DEM 差分法、RVOG 模型法(高度补偿法)和振幅相干性与 DEM 差分融合法的估算精度,本书用仿真数据(理论平均高度 22 m)进行了验证,得到的高度影像图如图 5－23 所示,高度剖面图如图 5－24 所示。高度剖面图直观地说明了与经典模型 RVOG 和 DEM 差分法相比,基于振幅相干和 DEM 差分融合法的林分高度反演具有较高的精度,估算结果更接近真实值。

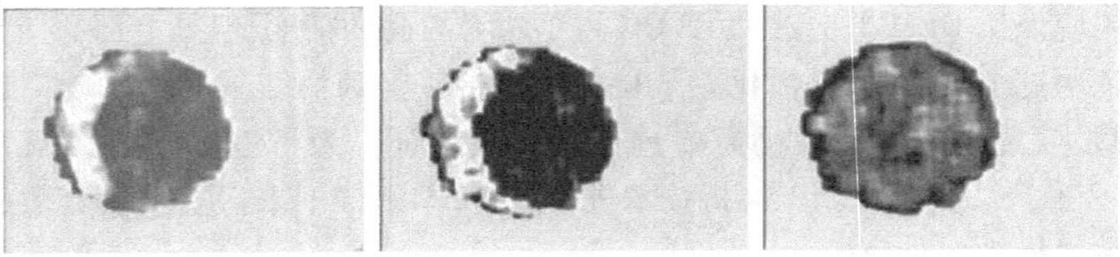

(a)ROVG模型法　　(b)DEM差分法　　(c)振幅相干性与DEM差分融合法

图 5－23　高度影像图(从左至右为 RVOG height、DEM height、Coh height)

2. 基于极化相干层析方法的林分高度估算分析

为了验证极化相干层析方法的可行性和适应性，本书从 10 m、18 m 和 22 m 三种平均树高和三种树型（Hedge、Pine（2）、Deciduous）的角度对该方法进行了分析，同时为了保证分析结果的可比性，对不同树高和树型分析时所采用的仿真数据均保证遥感平台高度、水平基线、垂直基线、信号入射角、信号中心频率、方位向分辨率、距离向分辨率都是一致的。

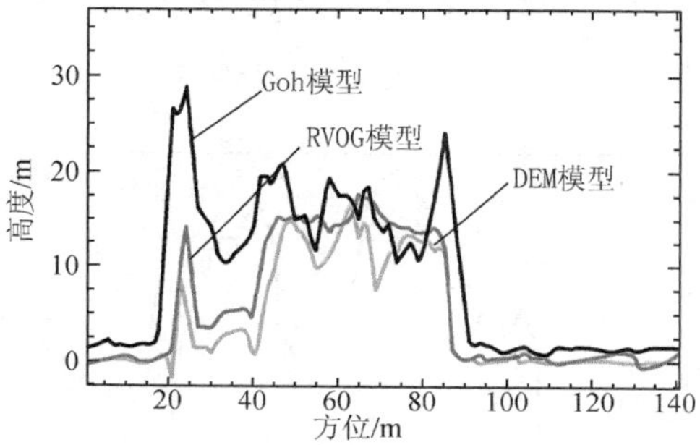

图 5－24　根据 RVOG 模型、DEM 差分和振幅相干得到的高度剖面图（真实高度 22 m）

估算得到的高度剖面图和三维视图，如图 5－25 所示。

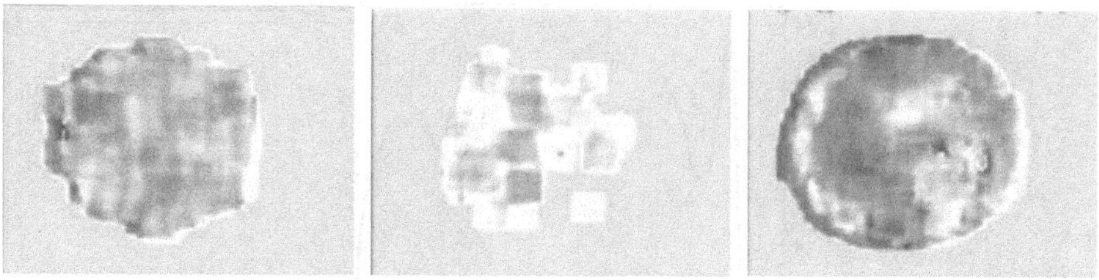

(a)Deciduous树型　　(b)Pine(2)树型　　(c)Hedge树型

图 5－25　基于极化相干层析法估算的高度图

在 10 m、18 m 和 22 m 高度上估算的高度剖面图、三维视图及基于极化相干层析法估算的高度图如图 5－26～图 5－33 所示。

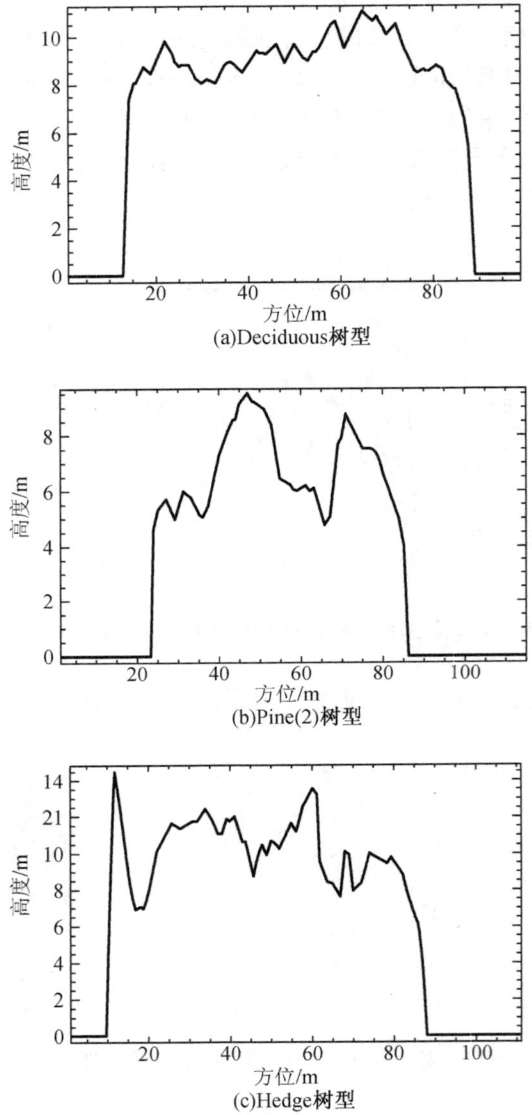

图 5－26　估算的高度剖面图(真实高度为 10 m)

(a)Deciduous树型 (b)Pine(2)树型 (c)Hedge树型

图 5-27 由高度图得到的三维视图(真实高度为 10 m)

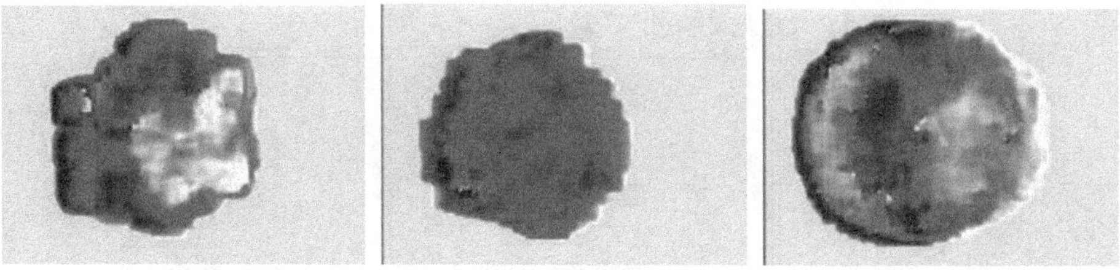

(a)Deciduous树型 (b)Pine(2)树型 (c)Hedge树型

图 5-28 基于极化相干层析法估算的高度图(真实高度为 10 m)

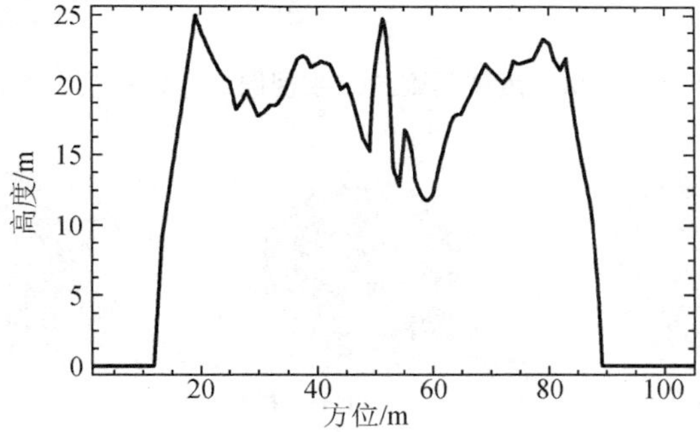

(a)Deciduous树型

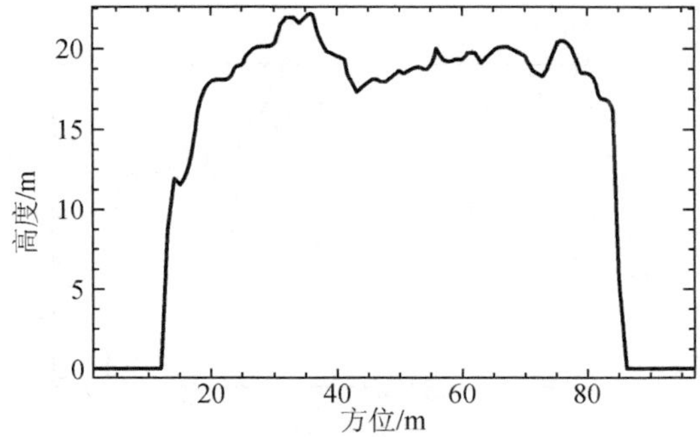

(b)Pine(2)树型

图 5-29 估算的高度剖面图(真实高度为 18 m)

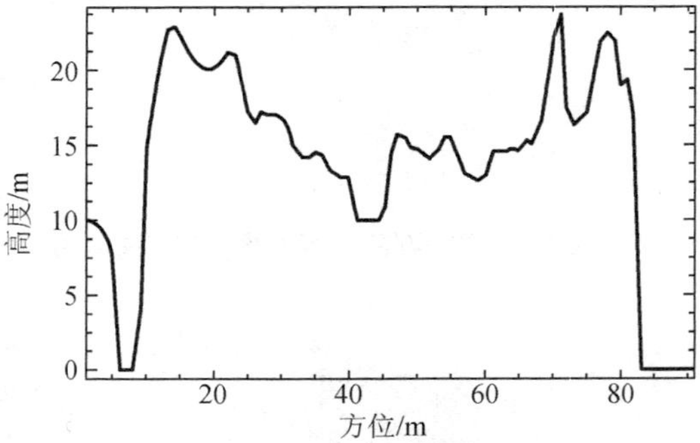

(c)Hedge树型

图 5－29（续）

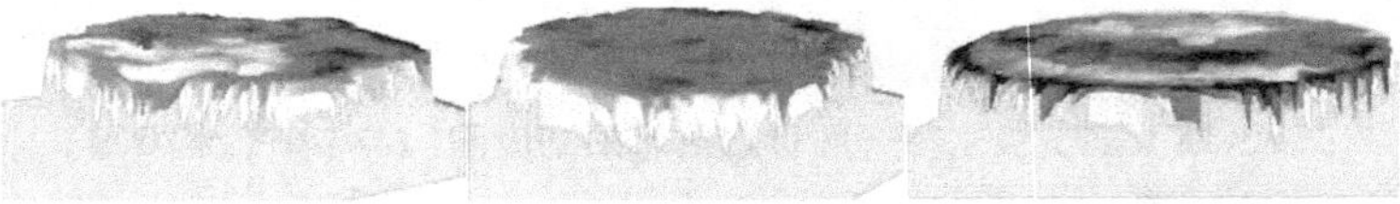

(a)Deciduous树型　　(b)Pine(2)树型　　(c)Hedge树型

图 5－30　由高度图得到的三维视图（真实高度为 18 m）

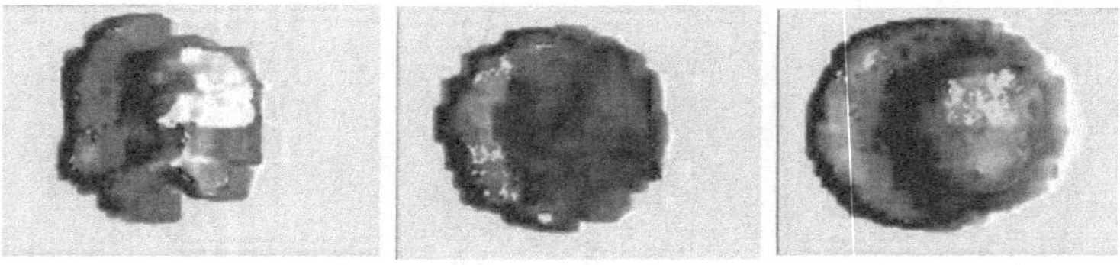

(a)Deciduous树型　　(b)Pine(2)树型　　(c)Hedge树型

图 5－31　基于极化相干层析法估算的高度图（真实高度为 18 m）

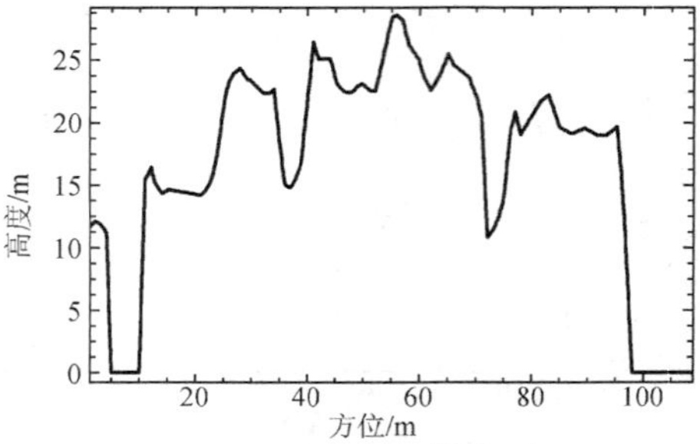

(a)Deciduous树型

图 5－32　估算的高度剖面图（真实高度为 22 m）

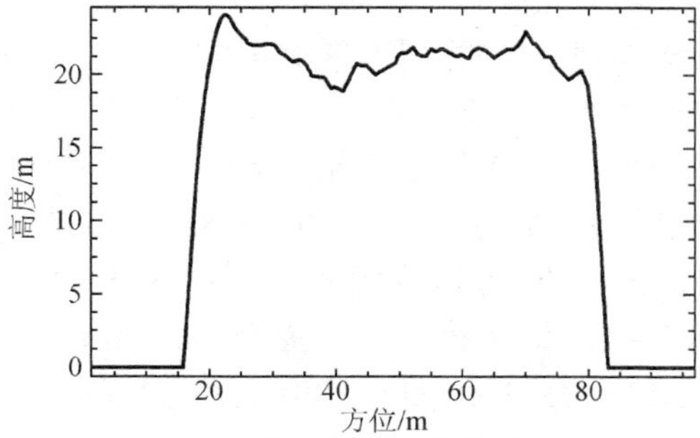

(b)Pine(2)树型

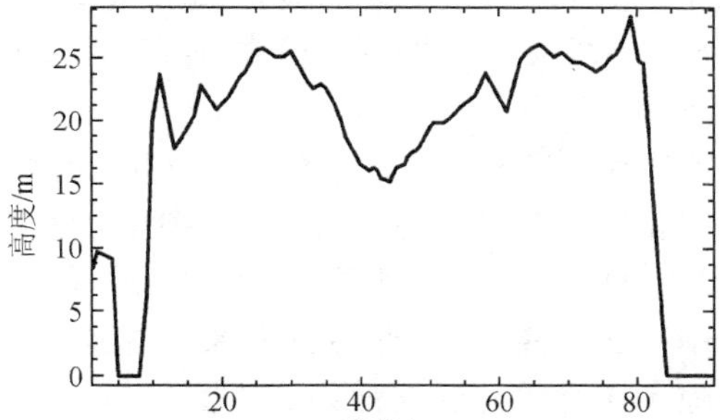

(c)Hedge树型

图 5－32(续)

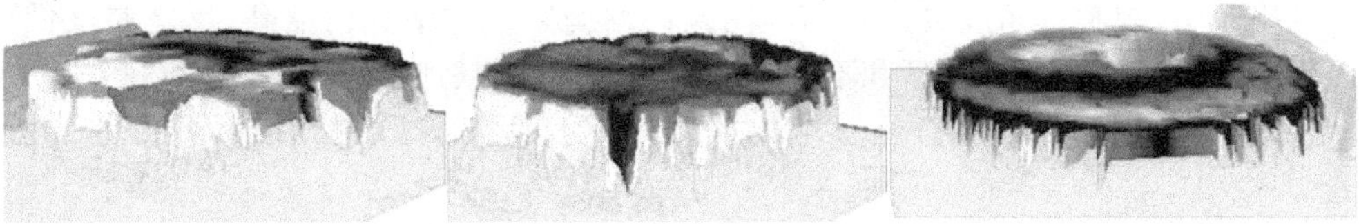
(a)Deciduous树型 (b)Pine(2)树型 (c)Hedge树型

图 5－33 由高度图得到的三维视图(真实高度为 22 m)

从图 5－25 至图 5－33 可得如下结论:

(1)从高度剖面图可以看出,极化相干层析作为一种新的林分高度估算方法有着广泛的适应性,对 10 m、18 m 和 22 m 三种高度均有较高的估算精度,同时也表明林分高度对极化相干层析法估算结果影响较小。

(2)从三维视图可以看出,极化相干层析能够较好地反映客观现实,从三维视图看林分高度比较均一,这和假设平均林分高度是一固定值(10 m、18 m 和 22 m)相符。

(3)从图 5－26、图 5－29 和图 5－32 看出,对于不同树型,极化相干层析均具有良好的估算结果；树型对估算结果影响为：Pine(2)树型对估算精度影响最小，Deciduous 树型和 Hedge 树型对估算精度影响稍大。

(4)图 5－26(a)高度变化范围为 8.1 m≤h≤11 m，图 5－26(b)高度变化范围为 4.9 m≤h≤9.5 m，图 5－26(c)高度变化范围为 6.9 m≤h≤14.5 m；图 5－26(a)估算结果在真值 10 m 上下波动，范围较小；图 5－26(b)总是低估高度；图 5－26(c)结果也在真值 10 m 上下波动，但是范围较大。在图 5－29(a)高度变化范围为 11.9 m≤h≤25 m，图 5－29(b)高度变化范围为 11.7 m≤h≤22.4 m，图 5－29(c)高度变化范围为 10 m≤h≤23.7 m；图 5－29(a)(b)和(c)图的估算结果均在真值 18 m上下波动，其中图 5－29(b)波动范围较小。图 5－32(a)高度变化范围为 11.9 m≤h≤28.6 m，图 5－32(b)高度变化范围为 18.8 m≤h≤23.8 m，图 5－32(c)高度变化范围为 8.6 m≤h≤28.6 m；图 5－32 的估算结果均在真值 22 m 上下波动，其中图 5－32(b)波动范围较小。

(5)经过对波动范围小的图 5－26(a)、图 5－29(b)和图 5－32(b)分析发现，该三幅图与其余六幅图相比具有颜色均匀的特点，说明其后向散射比较均衡，干涉效果较好；并且该三幅图对应的三维图目视效果也比较好；其他六幅图波动大的原因主要是由于在影像中存在一些空隙(见各自图像)，在这些空隙处导致估算结果的波动范围增大。空隙存在对植物后向散射有较大影响，进而导致估算结果精度的降低。这也说明对于植被覆盖比较均衡的地区，高度估算会有较高的精度；如果植被覆盖不均衡，即存在裸露地区，此时估算结果偏差会增大。

综上，基于干涉相干层析法对极化雷达干涉进行处理可以得到较好的高度估算结果，从目视解译角度看如果高度图颜色均衡则通常估算精度高，反之精度低；极化干涉层析法对不同树型和不同高度均具有良好的适应性。

结论：通过 5.4.1 和 5.4.2 节对塔河地区实际干涉数据和仿真数据的分析表明：

(1)塔河地区 PALSAR 全极化数据干涉结果受到了以下因素的影响：时间去相干、湿度的影响、坡度影响、树高影响、树型影响和处理去相干等因素的影响，导致干涉结果不太理想，基于这些干涉结果估算的树高和实际有一定的偏差。

(2)通过仿真数据的分析可以发现：地面粗糙程度、湿度、树型、方位向和距离向坡度、树高等因素对干涉效果具有特定的影响。

(3)通过仿真数据估算出的树高证明基于振幅相干和 DEM 差分的融合法估算精度比 DEM 差分法和 RVOG 模型法要高，但是和理论值相比还有一定的差别，仍需要进一步改进。极化相干层析法具有较强的适应性，并具有较高的估算精度。

(4)根据以上分析可以发现：如果获取的两景 PALSAR 数据的时间间隔更短，将会获得更好的结果。

5.5 本章小结

本章对植被遥感的一些典型问题:无植被覆盖之地面反射、随机体散射和面散射与体散射的混合散射进行了分析;从理论层面对极化雷达干涉数据反演林分高度方法进行了分析,分析了如何将振幅相干和 DEM 差分法融合后进行树高估算,并重点介绍了极化相干层析技术估算林分高度原理。本章最后对塔河地区 PALSAR 全极化数据的干涉结果进行了分析,并进行了林分高度估算,但是结果与实际有一定偏差;本章还基于仿真数据从地面平整度、地面湿度、方位向坡度、距离向坡度、树型、树高、林分密度等方面对极化雷达干涉特性进行了分析,得出了有益的结论;最后分析了振幅相干与 DEM 差分相融合法及极化相干层析技术估算高度的适应性、可行性。结果表明极化相干层析法对各种垂直结构均具有良好的适应性,并且具有较高的估算精度。

研究表明,如果基于 ALOS PALSAR 进行干涉处理,则选择数据时需要重点考虑时间去相关因素,否则利用数据进行干涉处理有可能失败,即无法得到理想的干涉图;如果今后 ALOS PALSAR 工作模式改进,数据质量提高或者能够获取到合适的干涉数据时,基于极化相干层析技术估算林分高度是一种可行的方法。

参考文献

[1] 熊涛. 极化干涉合成孔径雷达应用的关键技术研究[D]. 北京:清华大学,2009.

[2] 肖伟山,汪小钦,凌飞龙. ALOS PALSAR 数据在漳江口红树林提取中的应用[J]. 遥感技术与应用,2010,25 (1):91 -96.

[3] 王广亮,李英成,曾钰,等. ALOS 数据像素级融合方法比较研究[J]. 测绘科学,2008,33(6):121 -124.

[4] 何宇华,谢俊奇,刘顺喜. ALOS 卫星遥感数据影像特征分析及应用精度评价[J]. 地理与地理信息科学,2008,24(2):23 -52.

[5] 吴海平,刘顺喜,张荣慧. ALOS 在土地资源调查与监测中的应用研究[J]. 测绘与空间地理信息,2009,32(5):87 -91.

[6] 周微茹,冯仲科,聂敏莉,等. CBERS 与 ALOS 卫星影像融合前后图像质量对比与评价[J]. 林业调查规划,2009,6(34):22 -27.

[7] 柳文祎,何国金,张兆明. ALOS 全色波段与多光谱影像融合方法的比较研究[J]. 科学技术与工程,2008,8(11):2864 -2869.

[8] 尹业彪,李霞,石瑞花,等. 基于 ALOS 数据 3 种插值方法对比分析[J]. 新疆农业大学学报, 2008,31(6):46 -49.

[9] 于欢,张树清,赵军,等. 基于 ALOS 遥感影像的湿地地表覆被信息提取研究[J]. 地球科学与环境学报, 2010,32(3):324 -330.

[10] 赵红,贾永红,张晓萍,等. 遥感影像融合方法在 ALOS 影像水体信息提取中的应用研究[J]. 水资源与水工程学报,2010,3(21):56 -58.

[11] LATIFUR R S, JANET E N. Improved forest biomass estimates using ALOS AVNIR -2 texture indices[J]. Remote Sensing of Environment, 2011,115 (4):1 -10.

[12] NICOLAS B, NATHALIE B, PIERRE T, et al. Potential of SAR sensors TerraSAR -X, ASAR/ENVISAT and PALSAR/ALOS for monitoring sugarcane crops on Reunion Island[J]. Remote Sensing of Environment, 2011,113(8): 1724 -1738.

[13] 倪文俭,过志峰,孙国清. 基于 PALSAR 数据的 DEM 提取方法研究[J]. 国土资源遥感,2009,3(81):19 -23.

[14] 杨永恬,李增元,陈尔学,等. 基于 ALOS PALSAR 数据的森林蓄积量估测技

术研究[J]. 林业资源管理,2010(1):113 - 117.

[15] 杨永恬,李增元,陈尔学,等. 基于 ALOS PALSAR 双极化模式数据的森林覆盖识别方法研究[J]. 安徽农业科学, 2010,38(18):9840 - 9844.

[16] 郭华东,王心源,李新武,等. 多模式 SAR 玉树地震协同分析[J]. 科学通报, 2010,55(13): 1195 - 1199.

[17] 吴宏安,汤益先,张红,等. 基于 ALOS /PALSAR 轨道参数的干涉平地效应消除研究[J]. 武汉大学学报(信息科学版),2010,35(1):92 - 96.

[18] 张露,郭华东,李新武. 利用 POLSAR 数据探索极化相关系数在居民地提取中的作用[J]. 遥感技术与应用,2010,25(4):474 - 479.

[19] 代大海. 极化雷达成像及目标特性提取研究[D]. 长沙:国防科学技术大学,2008.

[20] 郭华东. 雷达对地观测理论与应用[M]. 北京:科学出版社,2000.

[21] 吴永辉. 极化 SAR 图像分类技术研究[D]. 长沙:国防科学技术大学,2007.

[22] CLOUDE S R, PAPATHANASSIOU K P. Polarimetric SAR Interferometry[J]. IEEE Transactions on Geosciences and Remote Sensing, 1998, 36(5):1551 - 1565.

[23] ALBERGA V, CHANDRA M. Volume decorrelation resolution in polarimetric SAR interferometry[J]. Electronics Letters,2003,39(3):314 - 315.

[24] 杨震. 合成孔径雷达干涉与极化干涉技术研究[D]. 北京:中国科学院电子学研究所,2003.

[25] 杨震,杨汝良,刘秀清. SAR 图像的极化干涉非监督 Wishart 分类方法和实验研究[J]. 电子与信息学报,2004,26(5):752 - 759.

[26] 齐海宁. 极化干涉 SAR 测量算法研究[D]. 北京:中国科学院电子学研究所,2004.

[27] 陈小英. 极化 SAR 干涉测量地形参数方法研究[D]. 北京: 中国科学院电子学研究所,2002.

[28] 陈小英,洪峻. 极化 SAR 干涉测量模拟研究[J]. 遥感学报,2002,6(6):475 - 480.

[29] 周勇胜,洪文,王彦平,等. 基于 RVOG 模型的极化干涉 SAR 最优基线分析[J]. 电子学报,2008,36(12):2367 - 2372.

[30] 董贵威,杨健,彭应宁,等. 极化 SAR 遥感中森林特征探测[J]. 清华大学学报(自然科学版),2003,43(7):953 - 956.

[31] 于大洋,董贵威,杨健,等. 基于干涉极化 SAR 数据的森林树高反演[J]. 清华大学学报(自然科学版),2005,45(3):334 - 336.

[32] 吴永辉. 极化 SAR 图像分类技术研究[D]. 长沙:国防科学技术大学,2007.

[33] 徐牧. 极化 SAR 图像人造目标提取与几何结构反演研究[D]. 长沙:国防科学技术大学,2008.

[34] 郭华东. 航天多波段全极化干涉雷达的地物探测[J]. 遥感学报,1997,1(1):32 - 39.

[35] 张红. D - InSAR 与 POLInSAR 的方法及应用研究[D]. 北京:中国科学院遥感应用技术研究所,2002.

[36] 陈曦,张红,王超. 双基线极化干涉合成孔径雷达的植被参数提取[J]. 电子与信息学报,2008,30(12):2858 - 2861.

[37] 李新武. 极化干涉 SAR 信息提取方法及其应用研究[D]. 北京:中国科学院遥感应用技术研究所,2002.

[38] 韦顺军,张晓玲,韩迪. 多极化干涉在 POLInSAR 植被高度估计分析[J]. 电子科技大学学报,2008,37(S1):5 - 8.

[39] 王海江. 极化 SAR 图像分类方法研究[D]. 成都:电子科技大学,2008.

[40] 邹斌,张腊梅,孙德明,等. 极化干涉合成孔径雷达图像信息提取技术的进展及未来[J]. 电子与信息学报,2006,28(10):1979 - 1984.

[41] 邹斌,蔡红军,张腊梅,等. 森林覆盖下人造目标 POLInSAR 图像的参数反演模型[J]. 宇航学报,2007,28(4):946 - 951.

[42] 杨磊,赵拥军,王志刚. 基于极化合成孔径雷达干涉测量的平均树高提取技术[J]. 测绘学报,2007,36(2):163 - 168.

[43] 陈尔学,李增元,庞勇,等. 基于极化合成孔径雷达干涉测量的平均树高提取技术[J]. 林业科学,2007,43(4):66 - 71.

[44] 邹同元. 多极化 SAR 图像分类技术研究[D]. 武汉:武汉大学,2009.

[45] PRAKS F, KUGLER K P, PAPATHANSSIOU K P, et al. Tree height estimation for boreal forest by means of L and X band POLInSAR and HUTSCAT scatterometer [J]. IEEE Transactions on Geoscience and Remote Sensing letters,2007,3(37):466 - 470.

[46] PAPATHANASSIOU K P, CLOUDE S R. Single - baseline polarimetric SAR interferometry[J]. IEEE Transactions on Geoscience and Remote Sensing,2001,39(11):2352 - 2363.

[47] 杨震. 合成孔径雷达干涉和极化干涉技术研究[D]. 北京:中国科学院,2003.

[48] 王超,张红,刘智. 星载合成孔径雷达干涉测量[M]. 北京:科学出版社, 2002.

[49] 廖明生,林珲. 雷达干涉测量:原理与信号处理基础[M]. 北京:测绘出版

社,2003.

[50] 郑芳,马德宝,裴怀宁. 干涉合成孔径雷达基线估计要素分析[J]. 遥感信息,2005(3):7-9.

[51] 舒宁. 雷达影像干涉测量原理[M]. 武汉:武汉大学出版社,2003.

[52] KRIEGER G, PAPATHANASSIOU K P, CLOUDE S R. Spaceborne polarimetric SAR interferometry: performance analysis and mission concepts [J]. EURASIP Journal of Applied Signal Processing, 2005,20:3272-3292.

[53] REIGBER A, PAPATHANASSIOU K P, CLOUDE S R, et al. SAR tomography and interferometry for the remote sensing of forested terrain[J]. Frequenz, 2001 (55):3-4.

[54] 韩飞. 基于目标分解的极化合成孔径雷达图像分类研究[D]. 成都:电子科技大学,2016.

[55] 李卫华. 极化 SAR 图像的分类方法研究[D]. 成都:电子科技大学,2017.

[56] 桑成伟. 极化 SAR 图像解译技术研究[D]. 武汉:武汉大学,2017.

[57] 张海瀛. 全极化 SAR/InSAR 数据定标技术研究[D]. 西安:西安电子科技大学,2017.

[58] 朱飞亚. 全极化合成孔径雷达信息预处理和目标分解方法研究[D]. 北京:中国科学院大学,2017.